ORGANISATION

DE LA

SOCIÉTÉ ACADÉMIQUE

D'AGRICULTURE

DES SCIENCES, ARTS ET BELLES-LETTRES

DU DÉPARTEMENT DE L'AUBE

Sixième Édition

TROYES

DUFOUR-BOUQUOT, IMPRIMEUR DE LA SOCIÉTÉ

—

1869

ORGANISATION

DE LA

SOCIÉTÉ ACADÉMIQUE

DE L'AUBE

La Société d'Agriculture, des Sciences, Arts et Belles-Lettres du département de l'Aube prend également le titre de SOCIÉTÉ ACADÉMIQUE DE L'AUBE.

Une Salle de l'Hôtel de la Préfecture est consacrée aux Séances ordinaires de la Société; elle renferme ses Archives et sa Bibliothèque.

Concierge de la Société : M. RIFF (François).

La Société Académique de l'Aube désire conserver dans des Albums les portraits photographiés de tous ses Membres, résidants, honoraires, associés ou correspondants. — MM. les Membres, qui n'ont pas envoyé leur carte photographiée, sont instamment priés de vouloir bien l'adresser à l'Archiviste de la Société.

ORGANISATION

DE LA

SOCIÉTÉ ACADÉMIQUE

D'AGRICULTURE

DES SCIENCES, ARTS ET BELLES-LETTRES

DU DÉPARTEMENT DE L'AUBE

Sixième Édition

TROYES

DUFOUR-BOUQUOT, IMPRIMEUR DE LA SOCIÉTÉ

—

1869

NOTICE PRÉLIMINAIRE

La Société d'Agriculture, des Sciences, Arts et Belles-Lettres, ou Société Académique du département de l'Aube, a subi plusieurs transformations avant d'être constituée telle qu'elle existe aujourd'hui.

§ Ier.

Société libre d'Agriculture, du Commerce et des Arts du département de l'Aube.

Par une circulaire longuement motivée, datée du 3 floréal an vi (22 avril 1798), le Ministre de l'Intérieur, M. Letourneux, provoqua l'établissement d'une Société d'Agriculture dans chaque chef-lieu de département.

Pour répondre aux vues du Gouvernement, l'Administration centrale du département de l'Aube s'empressa, dès le 1er messidor an vi (19 juin 1798), d'établir à Troyes la *Société libre d'Agriculture et d'Economie rurale du département de l'Aube.*

Une réunion préparatoire eut lieu le 30 thermidor de la même année (17 août 1798), dans une salle du bâtiment de la Bibliothèque, rue Saint-Loup.

Le bureau, portant le nom de *Conseil permanent de la Société d'Agriculture*, se composait de :

MM.

BERTHELIN DE ROSIÈRES (Louis-Nicolas), propriétaire, *président;*

DE MAUROY (Eustache-Louis), maître particulier des eaux et forêts, *vice-président;*

SERQUEIL (Prudent-Calixte-François), médecin, professeur d'histoire naturelle, *secrétaire;*

DUBUISSON (Louis-François), propriétaire, *membre;*

TRUELLE-CHAMBOUZON (Jacques), propriétaire, *membre.*

La Société vit bientôt ses attributions agrandies et son nom modifié. Le 9 pluviôse an VII (28 janvier 1799), l'Administration centrale adjoignit de nouveaux membres à ceux qu'elle avait déjà nommés, et donna à la Société le nom de *Société libre d'Agriculture, du Commerce et des Arts.* — Le 7 pluviôse an VIII (27 janvier 1800), elle nomma un troisième bureau, celui des Sciences, composé de onze membres nouveaux.

Par suite de ces modifications, cette Société comprenait alors quatre-vingt-quatorze membres; trente-trois composaient le bureau permanent, et soixante-un membres étaient nommés par voie d'élection, parmi les notabilités de chaque canton (1).

Cette première Société a publié, du 29 brumaire an VII (19 novembre 1798) au 29 fructidor an VIII

---

(1) En 1798, le nombre des cantons du département de l'Aube était de 61. Il n'est plus actuellement que de 26.

(16 septembre 1800), le *Journal de l'Ecole centrale et de la Société libre d'Agriculture, du Commerce et des Arts du département de l'Aube,* in-8°, imprimé à Troyes, chez François Mallet. Il en a paru seulement 67 numéros, avec un supplément aux deux derniers. La collection de ce recueil est devenue fort rare (1). — M. Desponts père, professeur à l'Ecole centrale, et Mallet, imprimeur, furent les créateurs du journal, et l'un des principaux rédacteurs était M. Bouillerot, *ministre du culte catholique* à Romilly-sur-Seine.

Trois ans après sa création, reconnaissant la nécessité de convertir en réglement définitif son réglement provisoire, et de donner plus d'unité aux travaux de ses membres, trop nombreux et trop disséminés, en les classant en membres résidants et en membres associés, la Société demanda et obtint que son institution fût établie sur de nouvelles bases.

§ II.

Lycée. — Société Académique du département de l'Aube.

Cette seconde Société, organisée par M. Bruslé, préfet de l'Aube, aux termes d'un arrêté du 19 prairial an ix (8 juin 1801), approuvé par M. Chaptal, ministre de l'intérieur, le 2 messidor an ix (21 juin 1801), reçut le titre de *Lycée du département de l'Aube,* et, peu de temps après, le 13 prairial an x (2 juin 1802), celui de *Société Académique du département de l'Aube.*

---

(1) Il manque à la Société, pour ses archives, les numéros 44, 47, 48, 57, 59.

Les membres résidants devaient être au nombre de vingt-quatre ; les associés en nombre égal ; celui des correspondants et des étrangers était indéterminé.

Les sociétaires furent divisés en quatre classes : Agriculture, — Sciences, — Histoire, — et Beaux-Arts.

La nouvelle Société publia trois forts volumes in-8°, de l'imprimerie de Sainton père et fils. — Le premier volume de ses *Mémoires*, imprimé en l'an x (1802), contient cinq numéros ayant chacun une pagination particulière. On y joint l'arrêté préfectoral du 19 prairial an ix (8 juin 1801). — Le second volume, imprimé en l'an xi (1803), contient 213 pages en trois numéros. On y ajoute trois notices : *Nouvelle Exposition du calcul infinitésimal*, par M. Desponts ; *Conclusion sur la loi des douze Tables*, par M. Boulage ; et une *Notice des travaux de la Société Académique*. — Le troisième volume, publié en 1807, renferme cinq numéros, ensemble 324 pages. On y joint : *Rapport analytique sur les eaux de la Fontaine-Napoléon*, par M. Gréau.

Les notices ajoutées à ce volume ont été imprimées séparément, mais par ordre et aux frais de la Société.

Voici la liste des membres qui, de 1801 à 1814, composèrent la Société Académique :

1re CLASSE. — AGRICULTURE.

Titulaires :

MM.

BERTHELIN DE ROSIÈRES (Louis-Nicolas), propriétaire.
AVALLE DU PLESSIS (Paul-Antoine), conseiller général.

Loizelet (Georges-Martin), conseiller de préfecture.
Serqueil (Prudent-Calixte-François), médecin.

Associés :

MM.

Belgrand (Joseph-Cyprien), conservateur des forêts.
Rivière (Lambert), ancien député, à Pont-sur-Seine.
Mandonnet (Pierre-Edme), propriétaire.
Guerrapain (Claude-Thomas), pépiniériste, à Méry-sur-Seine.
Gayot (Etienne-Jean-Baptiste), secrétaire général de la préfecture.
Le Baron De Baussancourt (Louis-Joseph), propriétaire à Bossancourt.

2me CLASSE. — Sciences Physiques et Mathématiques.

Titulaires :

MM.

Desponts père (Nicolas), professeur de mathématiques à l'Ecole centrale.
Descolins (Guillaume), ingénieur en chef du département.
Bouquot (François-Joseph), médecin.
Pigeotte (Jean-Baptiste-Etienne), médecin.
Vernier-Guérard (Nicolas-Jean-Baptiste), propriétaire.
Gréau (Nicolas-Jean-Julien), manufacturier.

Associés :

MM.

Roussigné, sous-ingénieur des travaux publics.
Wattier-Dumetz, propriétaire.
Picard (Gabriel-Marie-Elisabeth), médecin, à Ervy.
Desponts fils (Pierre-Olympiade), contrôleur des contributions.
Nérot, vérificateur des poids et mesures.
Colin (Alexandre), médecin, à Nogent-sur-Seine.

3me CLASSE. — Histoire et Philosophie.

Titulaires :

MM.

Bruslé (Claude-Louis), Baron de Valsuzenay, préfet de l'Aube.
Parisot (Jean-Nicolas-Jacques), président du tribunal criminel.

Balestrier (Louis-Sauveur), professeur de législation à l'Ecole centrale.

Ruotte-Courceuil (Louis), conseiller de préfecture.

Boulage (Thomas-Pascal), avocat.

L'abbé Herluison (Pierre-Grégoire), bibliothécaire de la ville.

Associés :

MM.

L'abbé Bouillerot (Louis-Joseph), curé de Romilly-sur-Seine.

Charton (Jean-Baptiste), magistrat, à Bar-sur-Aube.

Vandeuvre-Bazile (Pierre-Prudent), propriétaire, à Bar-sur-Seine.

Hardy (Savinien-Eloi-Honoré), professeur d'histoire à l'Ecole centrale.

Legaigneux, ingénieur en chef des ponts et chaussées.

Bailly-Lalesse (Jérôme-François), essayeur pour la marque d'or et d'argent.

Yot (Nicolas), principal du collège de Nogent-sur-Seine.

4ᵐᵉ CLASSE. — Beaux-Arts.

Titulaires :

MM.

Oudan-Desjardins, conseiller de préfecture.

L'abbé Bégat (Jean-Baptiste), professeur de belles-lettres à l'Ecole centrale.

Vitalis (Antoine), inspecteur des contributions.

Le Baron Pavée de Vendeuvre (Jean-Baptiste-Gabriel), propriétaire, à Vendeuvre.

Paillot de Loynes (Victor), conseiller général.

Regnault de Beaucaron (Jacques-Edme), substitut, à Nogent-sur-Seine.

Associés :

MM.

Bonamy de Villemereuil (Laurent), propriétaire.

Lecraicq (François), propriétaire.

Paillot de Montabert (Jacques-Nicolas), propriétaire.

De Lahuproye aîné (Antoine-Edme), ancien magistrat.

De Widranges (Charles-Antoine-M...), propriétaire.

Delagrange-Tartivot (Jean-Baptiste), professeur de langues.

Membres étrangers :

MM.

Le Baron Rougier de la Bergerie (Jean-Baptiste), préfet de l'Yonne, à Auxerre.

Bosc (Joseph), membre du Tribunat, à Paris.

Le Comte Beugnot (Jacques-Claude), préfet de la Seine-Inférieure, à Rouen.

Simon (Edouard-Thomas), bibliothécaire du Tribunat, à Paris.

Salverte (Eusèbe), littérateur, à Paris.

Vincent (François-André), peintre, membre de l'Institut, à Paris.

Bernard-d'Héry, ancien législateur, à Auxerre.

Moreau-Dufourneau, jurisconsulte, à Saint-Florentin.

Tonnelier, conservateur des mines, à Paris.

Le Baron de Gérando (Joseph-Marie), secrétaire général du ministère de l'Intérieur, à Paris.

Farez (Maximilien), membre du Corps Législatif, à Cambrai.

Mollevault (Charles-Louis), professeur de langues anciennes, au Lycée de Nancy.

Membres correspondants :

MM.

Cognasse-Desjardins (Claude-Jean), médecin, à Sens.

Cognasse-Desjardins de Fontvannes, propriétaire, adjoint au maire de Versailles.

Duplessis-Dugravier, propriétaire, à Auxerre.

De Bruni (Thomas-Edme), propriétaire, à Lagesse.

Les désastres de 1814 amenèrent la ruine de la Société Académique de l'Aube, et les collections qu'elle avait formées furent en partie détruites par un obus, qui, le 4 mars 1814, vint éclater dans l'une des salles du bâtiment de la Bibliothèque où elles étaient déposées.

§ III.

Société d'Agriculture, des Sciences, Arts et Belles-Lettres, ou Société Académique du département de l'Aube.

Quatre années après la dispersion de ses membres eut lieu la seconde restauration de la Société Académique de l'Aube. — Le 5 juillet 1818, M. Bruslé, baron de Valsuzenay, préfet du département, prit un arrêté portant que la Société, organisée par son arrêté du 8 juin 1801, reprendrait ses travaux avec le nom de *Société d'Agriculture, des Sciences et Arts du département de l'Aube.*

Le 8 juillet 1825, un arrêté du baron de Wismes, préfet de l'Aube, approuvé par le Ministre de l'Intérieur, autorisa la nouvelle Société à ajouter à ses trois sections celle des Belles-Lettres ; et, en 1828, le nombre des membres résidants, primitivement fixé à trente, fut porté au chiffre de trente-six.

La Société Académique de l'Aube avait, dès 1805, sollicité un décret qui, confirmant son existence, la reconnût comme établissement d'utilité publique, et l'Empereur Napoléon, à son passage à Troyes, le 3 avril de cette année, avait répondu à M. Herluison, président de la Société : *Quant à la confirmation, je ferai ce que vous demandez. Je vois avec plaisir une Société savante dans une des principales villes de l'Empire.* — Mais, quatre jours après, le 16 germinal an XIII (7 avril 1805), M. de Champagny, ministre de l'intérieur, adressa au Président de la Société une lettre, datée de Mâcon, qui se termine ainsi : *Sa Majesté impériale a jugé inutile de sanctionner l'établissement de la Société Académique par un décret impérial ; elle m'a chargé de vous autoriser à conserver le titre que les arrêtés des 19 prairial an IX et 13 prairial an X donnent à votre Société. Elle attend d'elle des travaux utiles.* Cette dernière phrase est ajoutée à la lettre par le ministre lui-même. — C'est le 15 février 1853 seulement que la Société vit le décret impérial, qui sera donné plus loin, réaliser ses espérances.

Le premier numéro des *Mémoires* de la Société a paru au commencement de 1822, et, depuis, leur publication n'a éprouvé aucune interruption. Les cent numéros publiés depuis janvier 1822, jusqu'à la fin de décembre 1846 (13 volumes in-8°), constituent une première série, à laquelle on a joint une Table générale pour ces vingt-cinq années.

La seconde série, commençant en 1847 et se terminant en 1863, comprend 14 volumes, plus une Table générale imprimée à part. — Avant 1853, deux années formaient un volume ; depuis cette époque, il paraît un volume chaque année.

Depuis 1864, la troisième série est publiée dans le format in-8° raisin ; elle se compose actuellement de cinq volumes.

L'*Annuaire de l'Aube* est publié sous les auspices de la Société depuis l'année 1835 ; mais c'est réellement depuis 1854, seulement, que cette publication annuelle paraît sous sa direction.

Les cotisations des membres, résidants et associés, l'allocation annuelle du Conseil Général de l'Aube, celle du Conseil Municipal de la ville de

Troyes, les subventions allouées par différents ministères, les abonnements aux Mémoires : telles sont les ressources financières de la Société. Ces ressources sont absorbées par les frais d'impression, par ceux des distributions de prix et de médailles (1), par des achats de bestiaux de race pure (2), et surtout par l'entretien du Musée que la Société a fondé en 1831, avec le concours du Conseil Municipal de Troyes et du Conseil Général de l'Aube, et qu'elle dirige depuis cette époque.

JULES RAY,

Archiviste de la Société.

---

(1) C'est par des récompenses que la Société a provoqué dans le département l'introduction des prairies artificielles, le boisement des terrains crayeux, et les premiers travaux de drainage.

(2) De 1840 à 1851, la Société a introduit dans le département 57 animaux de choix, appartenant à la race bovine, et dont le prix d'acquisition s'est élevé à 20,375 fr.

DÉCRET

QUI CONFÈRE

À LA SOCIÉTÉ ACADÉMIQUE

DU DÉPARTEMENT DE L'AUBE

LE TITRE D'ÉTABLISSEMENT D'UTILITÉ PUBLIQUE

NAPOLÉON, par la grâce de Dieu et la volonté nationale, Empereur des Français,

A tous présents et à venir, SALUT.

Sur le rapport de notre Ministre, Secrétaire d'Etat au département de l'Intérieur, de l'Agriculture et du Commerce,

Vu les arrêtés du Préfet de l'Aube, des 8 juin 1801 et 5 juillet 1818, portant organisation de la Société d'Agriculture, des Sciences, Arts et Belles-Lettres du département de l'Aube ;

Vu la délibération du Conseil d'administration de ladite Société, en date du 10 décembre 1834, approuvée le 16 décembre suivant;

Vu la demande formée par cette Société le 6 septembre 1851, à l'effet d'être reconnue comme Etablissement d'utilité publique ;

Notre Conseil d'Etat entendu,

Avons décrété et décrétons ce qui suit :

ARTICLE PREMIER.

La Société d'Agriculture, des Sciences, Arts et Belles-Lettres du département de l'Aube, est reconnue comme établissement d'utilité publique.

Sont approuvés les Statuts de ladite Société tels qu'ils sont annexés au présent Décret.

ARTICLE SECOND.

Notre Ministre, Secrétaire d'Etat au département de l'Intérieur, de l'Agriculture et du Commerce, est chargé de l'exécution du présent Décret.

Fait au Palais des Tuileries, le 15 février 1854.

Signé : NAPOLÉON.

Par l'Empereur :

Le Ministre de l'Intérieur, de l'Agriculture et du Commerce,

Signé : F. DE PERSIGNY.

Pour ampliation :

Le Secrétaire général,

Signé : H. CHEVREAU.

Pour copie conforme :

Le Conseiller de Préfecture, Secrétaire général de l'Aube,

Signé : GÉRARD-FLEURY.

STATUTS

DE LA

SOCIÉTÉ ACADÉMIQUE

DE L'AUBE

—————•►►►►►► ► ► ◄◄◄◄◄◄◄————

ARTICLE 1er.

La Société d'Agriculture, des Sciences, Arts et Belles-Lettres du département de l'Aube, organisée par arrêtés du Préfet de l'Aube des 8 juin 1801 et 5 juillet 1818, et par délibération du 10 décembre 1834, approuvée le 16 décembre suivant, a pour but et pour objet principal d'éclairer, de favoriser les progrès de l'Agriculture et de l'Industrie ; d'encourager et de développer le goût et l'étude des sciences, des arts et des belles-lettres dans le département de l'Aube, en propageant les découvertes et les inventions utiles, et en excitant l'émulation par des distributions solennelles de prix et de primes d'encouragement ; de recueillir et de publier les matériaux qui peuvent servir à l'histoire du pays.

2

Elle entretient sur ces objets des correspondances avec les Ministres de l'Intérieur, de l'Agriculture et du Commerce, et de l'Instruction publique, avec les Autorités du département et les Sociétés savantes de France et de l'Etranger.

ART. 2.

Elle s'interdit toute discussion étrangère au but et à l'objet de son établissement.

ART. 3.

Elle est divisée en quatre Sections, savoir : — Agriculture, — Sciences, — Arts, — Belles-Lettres.

ART. 4.

Elle est composée de Membres résidants, de Membres honoraires, de Membres associés et de Membres correspondants, nommés en assemblée générale, suivant les formes déterminées par le règlement de la Société.

ART. 5.

Les Membres résidants doivent avoir leur domicile réel à Troyes ou dans les communes voisines; les Membres associés, dans le département. Les Membres honoraires et les correspondants peuvent être choisis et résider dans toute la France et à l'Etranger.

ART. 6.

Le nombre des Membres résidants est fixé à trente-six;

celui des associés, à soixante ; le nombre des Membres honoraires et des correspondants est illimité.

Art. 7.

Les Membres résidants sont inscrits en nombre égal dans chacune des quatre Sections ; ils conservent le droit de s'occuper de toutes les matières qui rentrent dans les attributions de la Société. Ils peuvent passer d'une Section dans une autre devenue incomplète, avec l'agrément de cette Section.

Art. 8.

Le Bureau général de la Société se compose d'un Président d'honneur, qui sera toujours le Préfet du département, d'un Président, d'un Vice-Président, d'un Sécrétaire, d'un Secrétaire-adjoint, d'un Archiviste et d'un Trésorier.

Les Membres du Bureau général, ainsi que ceux des Bureaux particuliers de chaque Section, ne peuvent être choisis que parmi les Membres résidants.

Art. 9.

Il y a un Conseil d'administration composé du Président, du Vice-Président, des quatre Présidents de Section, du Secrétaire, du Secrétaire-adjoint, de l'Archiviste et du Trésorier.

Il s'occupe spécialement de tout ce qui a rapport aux intérêts matériels et moraux de la Société, et de la surveillance de ses publications.

Il est chargé de régler les dépenses de la Société et de

vérifier le compte du Trésorier. Ce dernier n'a pas voix délibérative lors de la discussion et de l'apurement de son compte.

ART. 10.

Le Président est en exercice pendant un an; l'année suivante, il est remplacé par le Vice-Président.

Pour remplacer ce dernier, il est procédé, tous les ans, dans une séance réglementaire, à l'élection d'un Vice-Président.

Le Secrétaire, le Secrétaire-adjoint, l'Archiviste et le Trésorier sont nommés pour cinq ans, et peuvent toujours être réélus.

Toutes ces élections sont faites à la majorité absolue des suffrages.

ART. 11.

Le Bureau particulier de chaque Section est composé d'un Président, d'un Vice-Président et d'un Secrétaire. Chaque Section choisit les membres de son Bureau parmi ses titulaires. Le Président et le Secrétaire restent en fonctions pendant un an. Chaque année, les Présidents de Section sont remplacés par les Vice-Présidents, et il est procédé au remplacement de ces derniers et des Secrétaires, qui sont seuls rééligibles.

ART. 12.

La Société se réunit en Assemblée générale et en Sections.

Art. 13.

Il y a des séances publiques, dont les époques sont fixées par décision de la Société en assemblée générale.

Art. 14.

La Société propose au concours les questions déterminées en assemblée générale.

Les prix ou les primes d'encouragement qu'elle distribue sont décernés en séance publique et solennelle.

Aucun membre résidant ne pourra concourir ni sous son nom, ni sous un nom emprunté.

Art. 15.

Les prix fondés par les Membres de la Société ou par des étrangers portent le nom du fondateur.

Art. 16.

Le Musée, fondé par la Société, est administré par une Commission nommée en assemblée générale. Les fonctions des Membres de cette Commission durent trois ans ; ils sont indéfiniment rééligibles.

Art. 17.

Toute proposition qui tendrait à modifier les présents Statuts devra être signée par trois Membres, lue à la Société convoquée à cet effet, et renvoyée à une Commission qui, après avoir entendu les motifs des Membres signataires, fera un rapport par écrit. Il sera alors procédé au scrutin, et la proposition ne pourra être adoptée qu'autant qu'elle réunira un nombre de suffrages égal à la moitié plus un des Membres résidants.

Les modifications adoptées par la Société ne produiront leur effet qu'après l'approbation du Gouvernement.

ART. 18.

Les présents Statuts seront soumis à l'approbation du Gouvernement, qui est supplié de reconnaître la Société d'Agriculture, des Sciences, Arts et Belles-Lettres du département de l'Aube, comme Etablissement d'utilité publique, et, à ce titre, capable de posséder, de recevoir des donations et des legs, et d'agir dans son intérêt, conformément à l'article 910 du Code Napoléon.

Troyes, le 29 octobre 1852.

Le Président annuel,

E. BONAMY DE VILLEMEREUIL.

Pour copie conforme :

Le Secrétaire,

A. GAYOT.

RÈGLEMENT

DE LA

SOCIÉTÉ ACADÉMIQUE

DE L'AUBE

————— ❧ —————

CHAPITRE Iᵉʳ.

———

Des Droits et des Obligations des Membres de la Société.

ARTICLE 1ᵉʳ.

Tous les Membres composant la Société ont le droit d'assister aux séances générales, ordinaires et extraordinaires, sauf l'exception prévue par les articles 10 et 14.

Les Membres résidants reçoivent seuls des lettres de convocation.

Les Membres honoraires, associés ou correspondants, n'ont que voix consultative.

ART. 2.

Les Membres résidants qui transfèrent leur domicile

hors de Troyes et des communes voisines; ceux qui sont démissionnaires; ceux qui, pendant un an, auraient cessé d'assister aux séances, sans avoir fait agréer leurs motifs d'excuse, continuent d'appartenir à la Société sous le titre de Membres honoraires; mais il est nommé à leur place de nouveaux Membres résidants.

Est réputé démissionnaire tout Membre résidant qui se refuse au paiement des cotisations déterminées par la Société.

En dehors des cas énoncés au paragraphe précédent, le titre et les prérogatives de Membre honoraire peuvent être conférés exceptionnellement par la Société à des personnes qui seraient désignées à ses suffrages, soit par leur haute position, soit par des services rendus aux Sciences, aux Arts, aux Lettres ou à l'Agriculture. — L'élection a lieu sur le rapport motivé du Conseil d'administration, dans les formes usitées pour les Membres associés ou correspondants.

ART. 3.

Les Membres associés ne peuvent être choisis qu'en dehors de la ville de Troyes.

Ceux d'entre eux qui quittent le département deviennent de droit, s'ils le demandent, Membres correspondants.

Depuis le 1er janvier 1851, tous les Membres, associés ou correspondants, doivent être abonnés aux Mémoires de la Société, au prix de 5 francs par an.

Les Membres associés, nommés depuis le 1er janvier

1867, sont tenus de verser annuellement une somme de 10 francs, pour cotisation et pour abonnement aux Mémoires de la Société.

Les Membres associés ont le choix entre une cotisation annuelle de 10 francs, ou une somme de 100 francs, une fois payée; — et les Membres correspondants ont le choix entre un abonnement annuel de 5 francs, ou une somme de 50 francs, une fois payée.

CHAPITRE II.

Des Séances.

ART. 4.

Les séances générales ordinaires se tiennent le troisième vendredi de chaque mois. Si c'est un jour férié, la séance est renvoyée au vendredi suivant.

Des séances générales extraordinaires peuvent être indiquées par le Président de la Société.

ART. 5.

La Société peut renvoyer, soit aux Sections, soit à des Commissions spéciales, les affaires qui lui sont soumises.

La Présidence dans les Commissions appartient au doyen d'âge.

Les Membres résidants, qui veulent s'adjoindre aux Commissions ou aux Sections, sont, sur leur demande, convoqués par le Secrétaire-adjoint. — Ils peuvent prendre part à la discussion, avec voix consultative seulement.

Art. 6.

Les rapports et les comptes-rendus doivent être faits à la Société par écrit.

Les comptes-rendus des ouvrages renvoyés à l'examen d'un Membre sont présentés dans le délai de deux mois.

Les rapports sur les questions renvoyées par la Société aux Sections ou aux Commissions ne sont pas soumis à ce délai (1).

Un tableau, indiquant les noms des Membres des Commissions et les questions renvoyées à leur examen, est dressé par le Secrétaire, et affiché dans la salle des séances.

Art. 7.

Les séances générales ont pour objet : la lecture de la correspondance et des mémoires ; les rapports des Commissions ; la délibération sur toutes les matières à l'ordre du jour ; la nomination des Membres résidants, associés et correspondants.

Les séances des Sections sont consacrées à la discussion des matières rentrant dans leurs attributions, ou dont le renvoi leur est fait par la Société.

S'il se rencontre des objets intéressant à la fois plusieurs Sections, elles sont convoquées par le Président de la Société, pour discuter ces objets en commun. Dans ce cas, la présidence appartient au plus âgé des Prési-

---

(1) Les Rapporteurs doivent, avant de remettre leurs rapports au Secrétaire, les faire signer par les Membres des Commissions.

dents de Section; le plus jeune des Secrétaires rédige les délibérations.

ART. 8.

Au commencement de chaque séance, le Secrétaire lit le procès-verbal de la séance précédente, et le Président le soumet à l'approbation de la Société.

Le Président rend ensuite compte de la correspondance; il annonce les ouvrages reçus, les analyse sommairement, et les distribue à des Membres chargés d'en faire l'examen.

La suite de l'ordre du jour est réglé par le Président.

Toutes les délibérations se prennent à la majorité absolue des suffrages des Membres présents, par assis et levé, ou au scrutin secret, s'il est réclamé.

La Société, réunie au nombre de douze Membres sur la convocation du Président, peut délibérer sur tous les objets pour lesquels le règlement n'exige pas un plus grand nombre de Membres présents.

ART. 9.

Aucun Membre ne peut prendre la parole sans l'avoir obtenue du Président.

La parole ne peut jamais être refusée à un Membre qui la demande pour un rappel au règlement.

ART. 10.

La Société tient, dans les derniers jours de décembre, une séance réglementaire, à laquelle les Membres résidants ont seuls le droit d'assister.

Cette séance est consacrée : à élire les Membres du Bureau, conformément aux dispositions des articles 8, 10 et 11 des Statuts ; à entendre le rapport du Conseil d'administration ; à recevoir le comte du Trésorier, à approuver définitivement ce compte, et à arrêter le budget des recettes et des dépenses pour l'année suivante.

Art. 11.

Les séances ordinaires de la Société sont suspendues depuis le 1ᵉʳ septembre jusqu'au 1ᵉʳ octobre inclusivement.

Art. 12.

Il y a des jetons de présence pour les séances générales seulement ; leur forme et leur valeur sont déterminées par la Société, sur le rapport du Conseil d'administration. Le fonds en est fourni par la Société, et, à cet effet, chaque Membre résidant verse annuellement, entre les mains du Trésorier, dans les trois premiers mois de chaque année, une somme déterminée par une délibération spéciale (1).

A chaque séance générale, les Membres résidants ont droit à un jeton de présence. Ce droit n'existe pas pour ceux qui arrivent après l'adoption du procès-verbal, ou qui se retirent avant la fin de la séance.

---

(1) Dans la séance réglementaire de 1862, la Société a fixé à trente francs la cotisation annuelle.

Art. 13.

Dans les séances publiques, le Secrétaire rend compte des travaux de la Société. Le Président proclame les noms de ceux qui ont obtenu des prix ou des mentions honorables, et annonce les sujets de prix proposés pour les années suivantes.

Les noms des nouveaux Membres sont aussi proclamés dans ces séances publiques. On y peut lire des notices nécrologiques sur les Membres décédés, des ouvrages ou des mémoires, en se conformant aux prescriptions de l'article 14.

Art. 14.

Aucun ouvrage, mémoire ou discours, sans exception, ne peut être lu en séance publique, s'il n'a été déposé, à l'avance, au Secrétariat, et examiné dans une séance spéciale, composée des seuls Membres résidants. Cette séance a lieu dans la quinzaine qui précède la séance publique.

L'auteur peut faire lui-même la lecture de son mémoire dans cette séance particulière; mais la délibération pour l'admettre, le rejeter ou le modifier, est prise hors de sa présence et au scrutin secret. Si la majorité juge que la lecture de l'ouvrage ne doit pas avoir lieu, ou ne peut être faite qu'avec certaines modifications, l'auteur est tenu de se conformer à cette décision.

CHAPITRE III.

—

Des Attributions des Membres du Bureau.

ART. 15.

Le Président dirige dans les séances l'ordre de la parole et de la discussion ; il a voix prépondérante, en cas de partage d'opinions, et à égalité de suffrages ; il maintient l'exécution du règlement ; il signe, avec le Secrétaire, les procès-verbaux des séances, les actes émanés de la Société, les diplômes, la correspondance avec les ministres, les autorités et les Sociétés de France et de l'étranger ; il délivre les mandats de dépense ; il est chargé de défendre les intérêts matériels de la Société par toutes les voies de droit ; il la représente dans toutes les occasions où une procédure est nécessaire ; il préside de droit la Section ou la Commission aux délibérations de laquelle il juge convenable d'assister, et la réunion des Sections prévue par l'article 7.

Il autorise l'introduction, aux séances ordinaires, des étrangers qui voudraient lire quelque mémoire ou répéter quelque expérience. Il prononce les discours d'ouververture des séances publiques.

C'est par son autorisation et en son nom que la Société, les Sections ou les Commissions sont convoquées.

ART. 16.

Le Vice-Président remplace le Président en cas d'absence ou d'empêchement ; si tous deux sont absents, le dernier des présidents en exercice, ou, à son défaut, le doyen d'âge préside la séance.

ART. 17.

Le Secrétaire est chargé de la correspondance générale, de la rédaction des procès-verbaux, de leur inscription au registre à ce destiné, après qu'ils ont été approuvés par la Société.

Il recueille les observations et les faits intéressants, communiqués verbalement ou par écrit dans les assemblées ; il signe avec le Président les actes émanés de la Société ; il vise les mandats de dépenses avant de les soumettre à la signature du Président ; il surveille les impressions, de concert avec l'Archiviste ; il fait en séance publique, aux époques déterminées par la Société, le rapport général des travaux.

Il doit faire annoncer les séances publiques, et adresser aux journaux les sujets des prix proposés par la Société, ainsi que les noms des lauréats.

ART. 18.

Le Secrétaire-adjoint aide ou supplée le Secrétaire dans toutes ses fonctions ; il est chargé d'adresser les lettres de convocation pour les séances de la Société, des Sections et des Commissions.

En l'absence du Secrétaire et du Secrétaire-adjoint, l'Archiviste les supplée ; à défaut de l'Archiviste, le Président désigne un membre pour remplir les fonctions de Secrétaire.

Art. 19.

L'Archiviste conserve, dans le local qui leur est affecté, les minutes, les rapports, les mémoires, les livres, les cartes, les plans et les gravures appartenant à la Société ; il en donne communication aux Membres résidants ou associés, sans déplacement ou sur récépissé. Il propose à la Société les acquisitions à faire d'ouvrages, de modèles, de cartes et de plans. Il reçoit du Président ou du Secrétaire tous les ouvrages envoyés et les rapports ou les mémoires qui doivent être déposés aux Archives ; il les marque du timbre de la Société ; il veille à ce que les ouvrages des Sociétés correspondantes parviennent exactement à la bibliothèque ; il est chargé de distribuer et d'envoyer les mémoires et les publications de la Société aux divers Membres, aux Etablissements publics, aux Sociétés correspondantes et aux abonnés, dont il remet chaque année, au 1er janvier, une liste certifiée au Trésorier.

Il surveille les impressions, de concert avec le Secrétaire ; il signe les diplômes ; il conserve le mobilier, dont il tient l'inventaire ; il propose au Conseil d'administration les réparations et les acquisitions qu'il croit nécessaires, après avoir pris l'avis du Président.

Enfin, le sceau de la Société et toutes les pièces qui composent les Archives sont confiés à sa garde.

Art. 20.

Le Trésorier est chargé du recouvrement des fonds de la Société et du paiement des dépenses. Il ne peut payer que sur un mandat du Président, délivré conformément aux prévisions du budget.

Il présente au Conseil d'administration le compte général des recettes et des dépenses de la Société, dans une réunion qui précède la séance réglementaire à laquelle ce Conseil doit faire son rapport

CHAPITRE IV.

De la Nomination des Membres.

ART. 21.

Quand une place de Membre résidant devient vacante, cette vacance est notifiée, en séance, à la Société par le Secrétaire, et rendue publique par la voie des journaux de Troyes.

Dans la quinzaine qui suit cette publication, toute personne, domiciliée à Troyes ou dans les communes voisines, peut se faire inscrire comme candidat, au Secrétariat, soit directement, soit par l'intermédiaire d'un Membre résidant.

Avant la séance générale, la Section devenue incomplète se réunit sur la convocation du Président de la Société, et dresse une liste de candidats, dont elle détermine l'ordre au scrutin secret (1).

_____

(1) Toutes les lettres, recommandations et documents relatifs à une élection sont envoyés, avant la réunion, à la Section qu'il s'agit de compléter. La Section, en présentant la liste des candi-

Cette liste, sur laquelle doivent être portés tous les noms des candidats inscrits au Secrétariat, est soumise à la Société dans la séance consacrée à l'élection. — La Société ne peut nommer en dehors de cette liste.

ART. 22.

Lorsqu'il s'agit de nommer un Membre de la Société, la lettre de convocation en fait mention. Il ne peut être procédé à aucune nomination, soit du Bureau général, soit de Membre résidant, associé ou correspondant, si l'assemblée n'est composée au moins de quinze Membres.

Ces nominations ne peuvent avoir lieu qu'aux séances ordinaires et au scrutin secret.

On ne peut nommer dans une séance plus d'un Membre résidant.

ART. 23.

Nul ne peut être élu Membre résidant, associé ou correspondant, qu'à la majorité absolue des suffrages des Membres présents ; — s'il n'y a pas de majorité aux deux premiers tours de scrutin, il est procédé à un ballotage entre les deux candidats qui ont obtenu le plus de voix au second tour ; — à égalité de suffrages, la nomination est en faveur du candidat le plus âgé.

La nomination des associés ou des correspondants a

dats suivant l'ordre qu'elle aura établi, énonce les titres que peut faire valoir chacun d'eux, mais sans aucune appréciation. (Décision du 20 juillet 1866.)

lieu dans la séance qui suit celle de leur présentation (1).

Art. 24.

Un nouveau Membre n'est admis et proclamé qu'après avoir fait connaître, par écrit, au Président, qu'il s'engage à partager les travaux et à remplir les obligations des Membres de la Société. Sa lettre reste déposée aux Archives.

Tout élu qui ne fait pas cette déclaration dans le mois, du jour où il lui aura été donné avis de son élection, est censé n'avoir pas accepté.

Tout Membre, résidant, associé ou correspondant, aussitôt après son acceptation, reçoit un diplôme dont le prix est fixé à 10 francs.

Art. 25.

Si l'une des places de membre du Bureau ou du Conseil d'administration devient vacante dans le cours de l'année, il est procédé à une nouvelle nomination, dans la séance qui suit celle où la Société en est instruite, et conformément au mode déterminé plus haut (articles 22 et 23). Le successeur est élu pour le temps d'exercice restant au Membre remplacé.

Les dispositions de cet article ne s'appliquent pas aux fonctions du Président de la Société et des Présidents de Sections, lesquelles sont remplies par les Vice-Pré-

---

(1) La Société ne vote, ordinairement, sur la présentation d'un membre, que quand la personne présentée a fait acte de candidature.

sidents, sans préjudice des droits de ces derniers pour l'année suivante.

CHAPITRE V.

———

Des Publications.

Art. 26.

Les productions de la Société et les publications, dont elle juge l'impression utile, sont réunies sous le titre de *Mémoires de la Société Académique d'Agriculture, des Sciences, Arts et Belles-Lettres du département de l'Aube.*

La composition de ces Mémoires est confiée à une Commission de publication, composée des Membres du Bureau général et d'un Membre élu tous les ans dans chaque Section.

Art. 27.

Lorsqu'un ouvrage inédit d'un Membre résidant, honoraire, associé, ou correspondant, est lu en séance, et que trois Membres résidants en réclament l'insertion dans les Mémoires, la Société décide si elle en autorise, ou non, l'impression.

Si l'ouvrage est présenté par un étranger, la Société le renvoie à l'examen d'une Commission spéciale nommée séance tenante. Si cette Commission en propose l'impression, l'un de ses Membres donne lecture du manuscrit à la Société, et il est ensuite statué comme il est dit au paragraphe précédent.

Les votes ont toujours lieu au scrutin secret, hors de la présence de l'auteur, et à la fin de chaque séance.

En cas de vote affirmatif, l'ouvrage est renvoyé à la Commission de publication.

ART. 28.

La Commission de publication est chargée de choisir et de classer les matériaux mis à sa disposition par les votes de la Société, de manière à assurer à ses Mémoires les meilleures conditions d'utilité, d'intérêt et de variété.

Elle peut, si elle le juge convenable, mais avec l'assentiment de l'auteur, ne publier que par analyse ou par extraits les ouvrages qui lui sont renvoyés.

Elle doit maintenir dans les limites du budget les dépenses d'impression de chaque année.

Si la Commission de publication juge utile de faire imprimer séparément, et en dehors des Mémoires, l'ouvrage d'un des Membres de la Société, elle provoque, par un rapport, un vote spécial à ce sujet. — Ce vote a lieu au scrutin secret.

ART. 29.

Les auteurs d'ouvrages insérés dans les Mémoires ne peuvent obtenir un tirage à part sans une autorisation spéciale de la Société, qui détermine les conditions et le nombre d'exemplaires de ce tirage.

ART. 30.

Chaque année, dans la séance réglementaire, la Société, sur la proposition du Secrétaire, arrête la liste des

Etablissements publics et des Sociétés savantes qui doivent recevoir ses Mémoires, à titre gratuit ou par échange.

Deux exemplaires des Mémoires sont déposés aux Archives de la Société, et deux autres à la Bibliothèque de la ville de Troyes.

Les Membres résidants ont droit à un exemplaire de toutes les publications émanées de la Société.

Les Membres honoraires ne reçoivent les Mémoires qu'à titre d'abonnés.

ART. 31.

Tant que l'*Annuaire de l'Aube* paraîtra sous les auspices de la Société, une Commission de neuf Membres est chargée de surveiller cette publication. Le Président et le Secrétaire sont de droit membres de cette Commission.

Lorsque la Société trouve qu'un travail qui lui est soumis, soit par l'un de ses Membres, soit par un étranger, est digne de la publicité, sans être cependant de nature à entrer dans ses Mémoires, elle ordonne, au scrutin secret, le renvoi de ce travail à la Commission de l'Annuaire. — Cette Commission reste néanmoins libre de publier dans ce recueil la totalité ou une partie seulement de l'ouvrage qui lui aura été ainsi renvoyé.

CHAPITRE VI.

Dispositions générales.

ART. 32.

Tous les ouvrages confiés aux Membres de la Société doivent être réintégrés à la Bibliothèque dans le délai de trois mois. Passé ce délai, l'Archiviste écrit aux dépositaires pour leur rappeler les obligations du règlement à cet égard.

ART. 33.

La Société étant le centre et le lien naturel des Comices du Département, et voulant seconder leur action de tout son pouvoir, donne place dans ses Mémoires aux travaux les plus intéressants de ces associations, et publie, chaque année, dans l'Annuaire, les noms de leurs lauréats.

ART. 34.

Chacun des Membres de la Société doit contribuer, autant qu'il est en lui, à l'augmentation du Musée.

Les dons faits à la Société par ses Membres, ou par des personnes étrangères, sont inscrits sur un registre spécial, et publiés en outre dans les journaux de Troyes et dans l'Annuaire du département, avec les noms des donateurs.

ART. 35.

Lors de la mort de l'un des Membres résidants, le Conseil d'administration doit assister, en corps, à ses obsèques.

Tous les Membres de la Société sont en outre invités, par le Président, à rendre les derniers honneurs à leur collègue.

ART. 36.

Aucun changement ne peut être fait aux articles du Règlement, que sur une proposition signée de trois Membres résidants, soumise au Conseil d'administration, discutée dans une séance spéciale, et adoptée par un nombre de suffrages égal à la moitié plus un des Membres résidants.

Certifié conforme au registre des délibérations de la Société.

Troyes, le 20 mai 1853.

Le Président annuel,

FERRAND-LAMOTTE.

Le Secrétaire,

A. GAYOT.

Dans la séance du 29 décembre 1854, dans celle du 20 février 1857, dans celle du 26 décembre 1862, et dans celle du 28 décembre 1866, la Société, délibérant conformément aux formalités prescrites par l'article 36, a arrêté, ainsi qu'elle est relatée plus haut, la nouvelle rédaction des articles 2, 3, 12, 24, 26, 27 et 28 du présent Règlement.

Troyes, le 31 janvier 1869.

Le Président annuel,

A. GAYOT.

Le Secrétaire,

HARMAND.

LISTE

MEMBRES RÉSIDANTS

de la

SOCIÉTÉ ACADÉMIQUE DE L'AUBE

Au 1ᵉʳ Juillet 1869

———⋘⋙———

MM.

1822.	3 Mai.	CORRARD DE BREBAN O. ✸, Président Honoraire du Tribunal civil.
1838.	16 Février.	GAYOT (Amédée), Propriétaire.
1840.	21 Février.	ARGENCE (Désiré) O. ✸, Avocat.
1840.	20 Mars.	BONAMY DE VILLEMEREUIL O. ✸, Propriétaire à Villemereuil.
1841.	15 Janvier.	HARMAND (Auguste), Bibliothécaire de la ville de Troyes.
1846.	16 Janvier.	RAY (Jules), Pharmacien.
1846.	18 Décemb.	SCHITZ (Jules), artiste Peintre.
1849.	19 Janvier.	L'Abbé COFFINET ✸, Chanoine titulaire.
1849.	20 Juillet.	CAMUSAT DE VAUGOURDON, Propriétaire.
1851.	21 Février.	LASNERET (Charles), Agriculteur.
1852.	19 Mars.	BOUTIOT (Théophile), ancien Greffier au Tribunal civil.
1853.	15 Avril.	DOSSEUR-BRETON ✸, Propriétaire à Foicy.
1854.	21 Avril.	LE BRUN (Eugène), Propriétaire.
1855.	20 Juillet.	HUOT (Gustave) ✸, Propriétaire.
1855.	21 Décemb.	L'Abbé CORNET, Curé de Saint-Remi.

1856. 14 Mars. GRÉAU (Julien), ancien Manufacturier.

1857. 20 Mars. REYNAUD-PILLARD, Propriétaire à Saint-Parres-les-Tertres.

1857. 19 Juin. SOCARD (Emile), Bibliothécaire-Adjoint de la ville de Troyes.

1858. 15 Janvier. PAILLOT (Victor), Propriétaire.

1858. 19 Février. Le Comte DE LAUNAY (Maurice) ❋, Propriétaire au château de Courcelles.

1858. 18 Juin. BACQUIAS (Eugène), Docteur en Médecine.

1859. 18 Février. BALTET (Charles), Horticulteur-Pépiniériste.

1859. 16 Décemb. D'ARBOIS DE JUBAINVILLE (Henri) ❋, Archiviste du département de l'Aube.

1860. 20 Juillet. LAPEROUSE (Gustave) ❋❋, ancien Sous-Préfet de Sens.

1862. 20 Juin. VAUDÉ (Emile), artiste Peintre.

1862. 19 Décemb. JULLY (Ludovic), Professeur de Rhétorique au Lycée.

1863. 18 Décemb. QUILLIARD (Léon) ❋, Ingénieur en chef des Ponts et Chaussées.

1864. 19 Février. BLERZY (Henry), Inspecteur des lignes télégraphiques.

1864. 18 Mars. GEY (Camille), Pharmacien.

1865. 17 Mars. VAUTHIER (Arsène), Docteur en Médecine.

1866. 18 Mai. DROUOT (Ambroise), Agriculteur à Champigny-Laubressel.

1866. 21 Décemb. GUICHARD (Auguste), Docteur en Médecine.

1867. 18 Janvier. BOULANGER (Henri), Architecte.

1867. 12 Avril. MEUGY (Alphonse) ❋, Ingénieur en chef des Mines.

1867. 15 Novemb. ASSOLLANT (Nicolas), ancien Professeur au Lycée de Troyes.

1869. 19 Février. VIGNES (Edouard), directeur de la Succursale du Crédit agricole.

DIVISION DE LA SOCIÉTÉ EN SECTIONS.

1°. Section d'Agriculture.

MM.

1. BONAMY DE VILLEMEREUIL O. ※, Propriétaire.
2. LASNERET (Charles), Agriculteur.
3. DOSSEUR-BRETON ※, Propriétaire.
4. HUOT (Gustave) ※, Propriétaire.
5. REYNAUD-PILLARD, Propriétaire.
6. PAILLOT (Victor), Propriétaire.
7. Le Comte DE LAUNAY (Maurice) ※, Propriétaire.
8. BALTET (Charles), Horticulteur-Pépiniériste.
9. DROUOT (Ambroise), Agriculteur.

2°. Section des Sciences.

MM.

1. RAY (Jules), Pharmacien.
2. BOUTIOT (Théophile), ancien Greffier au Tribunal civil.
3. L'Abbé CORNET, curé de Saint-Remy.
4. BACQUIAS (Eugène), Docteur en Médecine.
5. QUILLIARD ※, Ingénieur en chef des Ponts et Chaussées.
6. BLERZY (Henry), Inspecteur des lignes télégraphiques.
7. GEY (Camille), Pharmacien.
8. VAUTHIER (Arsène), Docteur en Médecine.
9. GUICHARD (Auguste), Docteur en Médecine.

3°. Section des Arts.

MM.

1. SCHITZ (Jules), artiste Peintre.
2. L'Abbé COFFINET ※, Chanoine titulaire.
3. CAMUSAT DE VAUGOURDON, Propriétaire.

MM.

4. Le Brun (Eugène), Propriétaire.
5. Gréau (Julien), ancien Manufacturier.
6. Vaudé (Emile), artiste Peintre.
7. Boulanger (Henri), Architecte.
8. Meugy (Alphonse) ✳, Ingénieur en chef des Mines.
9. Assollant (Nicolas), ancien Professeur au Lycée.

4°. Section des Belles-Lettres.

MM.

1. Corrard de Breban O. ✳, Président Honoraire du Tribunal civil.
2. Gayot (Amédée), Propriétaire.
3. Argence (Désiré) O. ✳, Avocat.
4. Harmand (Auguste), Bibliothécaire de la ville de Troyes.
5. Socard (Emile), Bibliothécaire-Adjoint.
6. D'Arbois de Jubainville (Henri) ✳, Archiviste du département de l'Aube.
7. Laperouse (Gustave) ✳ ✳, ancien Sous-Préfet.
8. Jully (Ludovic), Professeur de Rhétorique au Lycée.
9. Vignes (Edouard), Directeur de la Succursale du Crédit agricole.

MEMBRES DU BUREAU EN EXERCICE

Pour 1869.

MM.

SALLES (Isidore), O. ❈, Préfet de
l'Aube,   *Président d'honneur.*
GAYOT (Amédée), place Saint-
Pierre, 6,   *Président annuel.*
JULLY, rue Vieille-Rome, 3,   *Vice-Président.*
HARMAND, rue Saint-Loup, 17,   *Secrétaire.*
BACQUIAS, rue Claude-Huez, 18,   *Secrétaire-Adjoint.*
RAY (Jules), place de la Banque
de France, 8,   *Archiviste.*
SOCARD (Emile), rue Saint-
Loup, 17.   *Trésorier.*

CONSEIL D'ADMINISTRATION

Pour 1869.

MM.

Le Président de la Société,   GAYOT (Amédée).
Le Vice-Président,   JULLY (Ludovic).
Le Secrétaire de la Société,   HARMAND (Auguste).
Le Secrétaire-Adjoint,   BACQUIAS (Eugène).
L'Archiviste,   RAY (Jules).
Le Trésorier,   SOCARD (Emile).
Le Président de la Section d'A-
griculture,   BALTET (Charles).
Le Président de la Section des
Sciences,   QUILLIARD (Léon) ❈.
Le Président de la Section des
Arts,   MEUGY (Alphonse) ❈.
Le Président de la Section des
Belles-Lettres,   D'ARBOIS DE JUBAINVILLE ❈.

CONSERVATEURS DU MUSÉE DE TROYES

Fondé et dirigé par la Société.

Conservateur Honoraire :   M. CORRARD DE BREBAN O. ❋, rue Charbonnet.

Pour les Objets d'Arts :   M. SCHITZ, rue des Quinze-Vingts.

Pour l'Archéologie :   M. l'Abbé COFFINET ❋, rue Girardon.

Pour la Zoologie :   M. RAY (Jules), place de la Banque de France.

Pour la Botanique :   M. l'Abbé CORNET, rue du Bois.

Pour la Minéralogie :   N... (M. Jules RAY, intérimaire).

Pour le Conservatoire Industriel :   N... (M. Jules RAY, intérimaire).

COMMISSION DE L'ANNUAIRE DE L'AUBE.

MM.

Le Président annuel.
Le Secrétaire de la Société.
CORRARD DE BREBAN O. ❋.
SOCARD (Emile).
SCHITZ (Jules).

MM.

CAMUSAT DE VAUGOURDON.
L'Abbé COFFINET ❋.
BOUTIOT (Théophile).
RAY (Jules).

COMMISSION DE PUBLICATION

Pour 1869.

MM. les Membres du Bureau.

Un membre de la Section d'Agriculture : M. HUOT (Gustave) ❋.

Un membre de la Section des Sciences : M. l'Abbé CORNET.

Un membre de la Section des Arts : M. VAUDÉ (Emile).

Un membre de la Section des Belles-Lettres : M. GAYOT (Amédée).

TABLEAU CHRONOLOGIQUE

MEMBRES RÉSIDANTS

Rangés suivant l'ordre des Fauteuils.

———o o———

N° 1.

1818. 7 Juillet. AVALLE DU PLESSIS (Paul-Antoine) ❃, Conseiller de Préfecture.

1832. 17 Février. CHAALES DES ETANGS (Nicolas-Stanislas), Greffier de Justice de Paix.

1849. 19 Janvier. BARDIN (Emile), Pharmacien. (*Voir le n° 36.*)

1852. 19 Mars. BOUTIOT (Théophile), ancien Greffier au Tribunal civil.

N° 2.

1818. 7 Juillet. RUOTTE-COURCEUIL (Louis), Conseiller de Préfecture.

1823. 4 Juillet. DE LIMAY, Ingénieur en chef des Ponts et Chaussées.

1825. 26 Août. LHOSTE DE MORAS ❃, Ingénieur en chef Directeur des Ponts et Chaussées.

1846. 16 Janvier. RAY (Jules), Pharmacien.

N° 3.

1818.   7 Juillet.   VERNIER-GUÉRARD   (Nicolas-Jean-Bap-
                     tiste) ✻, Juge.

1840.   24 Avril.   DESGUERROIS (Louis) ✻, Docteur en Mé-
                     decine. (*Voir le n° 20.*)

1843.   16 Juin.   FLICHE (Louis-Henri-Auguste) ✻, Con-
                     servateur des Eaux et Forêts.

1851.   24 Février. LASNERET (Charles), Maître de Poste,
                     Agriculteur.

N° 4.

1818.   7 Juillet.   PIGEOTTE (Jean-Baptiste-Etienne) ✻,
                     Docteur en Médecine.

1841.   19 Février. SALMON (Jean), Directeur de l'Ecole d'A-
                     griculture de Belley.

1848.   19 Mai.   Le Marquis DE CHAVAUDON (Guillau-
                     me) ✻, Propriétaire à Sainte-Maure.

1858.   19 Février. Le Comte DE LAUNAY (Maurice) ✻, Pro-
                     priétaire au château de Courcelles.

N° 5.

1818.   7 Juillet.   GRÉAU (Nicolas-Jean-Julien) ✻, Manu-
                     facturier.

1855.   16 Mars.   DROUET (Henri) ✻, Zoologiste, membre
                     de l'Académie des Sciences de Lis-
                     bonne.

1863.   18 Décemb.   QUILLIARD (Léon) ✻, Ingénieur en chef
                     des Ponts et Chaussées.

N° 6.

1818.   7 Juillet.   BELGRAND (Jean-Cyprien), Conservateur
                     des Forêts.

1821.   5 Janvier.   VAUDÉ (Edme-Jean-Baptiste), Architecte.

1862.   20 Juin.   VAUDÉ (Emile), artiste Peintre.

N° 7.

1818.	7 Juillet.	Le Comte GRUNDLER (Louis-Sébastien), G. O. ❋, Maréchal de Camp, Commandant le département de l'Aube.
1825.	26 Août.	DOÉ (Charles) ❋, Procureur du Roi.
1836.	17 Juin.	BOUCHÉ (Alexandre), Architecte du département.
1846.	20 Novemb.	DE NOEL (Anne-François-Michel) ❋, Ingénieur en chef des Ponts et Chaussées.
1852.	16 Janvier.	TRUELLE (Auguste), Payeur du département.
1867.	18 Janvier.	BOULANGER (Henri), Architecte.

N° 8.

1818.	7 Juillet.	DE FADATE DE SAINT-GEORGES (Charles-Jacques) ❋, Maire de Troyes, Propriétaire.
1827.	27 Avril.	VERNIER (Louis) ❋, Capitaine en retraite.
1830.	16 Juillet.	L'Abbé HUBERT (Henri-Remy), O. ❋, Chanoine titulaire, Bibliothécaire de la ville de Troyes.
1842.	15 Avril.	BERTRAND (Ernest), Substitut du Procureur du Roi.
1849.	18 Mai.	Mgr CŒUR (Pierre-Louis) O. ❋, Evêque de Troyes.
1861.	15 Février.	RICHAUD (Louis), Proviseur du Lycée Impérial de Troyes.
1862.	19 Décemb.	JULLY (Ludovic), Professeur de Rhétorique au Lycée Impérial de Troyes.

N° 9.

1818.	7 Juillet.	MARTIN, Ingénieur en chef des Ponts et Chaussées.

1822. 14 Juin.   Camusat-Busserolles (Jacques-Joseph),
                    Propriétaire.
1834. 16 Mai.   Baltet-Petit (Lyé) ✳, Pépiniériste,
                    Agriculteur.
1859. 18 Février. Baltet (Charles), Pépiniériste.

N° 10.

1818. 7 Juillet.   Crozet ✳, Ingénieur ordinaire des
                    Ponts et Chaussées.
1821. 23 Mars.   Berthelin (Jean-Baptiste), Négociant.
1828. 18 Avril.   Patin (Noël-Innocent), Docteur en Mé-
                    decine.
1855. 21 Décemb.   L'Abbé Cornet (Isidore-Hubert), Cha-
                    noine honoraire, Curé de Saint-Remi.

N° 11.

1818. 7 Juillet.   Cognasse-Desjardins (Claude-Jean),
                    Docteur en Médecine.
1831. 16 Décemb.   Forneron (Bernard) ✳, Principal du
                    Collége. (*Voir le n° 35.*)
1841. 15 Janvier. Harmand (Auguste), Bibliothécaire de
                    la ville de Troyes.

N° 12.

1818. 7 Juillet.   Camusat des Carets (Jean-Baptiste-Jac-
                    ques) ✳, Juge.
1839. 17 Mai.   Lasneret (Claude-Martin), Maître de
                    Poste.
1857. 20 Mars.   Reynaud-Pillard (Jules), Propriétaire à
                    Saint-Parres-les-Tertres.

N° 13.

1818. 14 Juillet. Patris-Debreuil (Louis-Marie), Juge
                    de Paix.

1821.	5 Janvier.	HÉMELOT ❋, Procureur du Roi.
1824.	25 Juin.	PAILLOT DE MONTABERT (Jacques-Nicolas) ❋, artiste Peintre. (*V. le* n° 30.)
1824.	20 Août.	CARTERON-CORTIER (François), Docteur en Médecine.
1866.	21 Décemb.	GUICHARD (Auguste), Docteur en Médecine.

N° 14.

1818.	14 Juillet.	CORPS DE MAUROY (Jacques-Armand) ❋, Président du Tribunal civil.
1832.	16 Mars.	THIÉRION-D'AVANÇON (Alexandre), Avocat.
1851.	18 Juillet.	FERRAND-LAMOTTE (Claude) ❋, ancien Maire de Troyes, Manufacturier.
1867.	15 Novemb.	ASSOLLANT (Jean-Baptiste-Sébastien-Nicolas), Docteur-ès-Lettres.

N° 15.

1818.	14 Juillet.	PAILLOT DE SAINT-LÉGER (Pierre-Louis) ❋, Président du Tribunal civil, Propriétaire.
1855.	16 Février.	TRUCHY DE LA HUPROYE (Hippolyte), Propriétaire, Agriculteur.
1866.	18 Mai.	DROUOT (Ambroise), Agriculteur, à Champigny-Laubressel.

N° 16.

1818.	14 Juillet.	COUDÈRE, Ingénieur ordinaire des Ponts et Chaussées.
1822.	3 Mai.	CORRARD DE BREBAN (Antoine-Henri-François) O. ❋, Président Honoraire du Tribunal civil.

N° 17.

1818.	14 Juillet.	GOSSIN (Jules) ✻, Procureur du Roi.
1819.	6 Août.	PAILLOT DE LOYNES (Victor) ✻, Secrétaire-général de la Préfecture.
1834.	21 Mars.	MARCOTTE (Marie-Charles-Nicolas) ✻, Receveur-général.
1836.	20 Mai.	GABÉ, Ingénieur en chef des Mines.
1840.	20 Mars.	BONAMY DE VILLEMEREUIL (Eugène) O. ✻, Propriétaire, Agriculteur à Villemereuil.

N° 18.

1818.	14 Juillet.	Le Chevalier BRAHAUT (Germain-Nicolas), Officier d'état-major, Aide-de-camp.
1820.	7 Juillet.	GUERRAPAIN (Claude-Thomas), Pépiniériste.
1821.	23 Mars.	BAUDOT (Jean-Baptiste-Athanase), Négociant.
1832.	20 Janvier.	DUBLANC (Jean-Baptiste), Pharmacien.
1844.	16 Février.	BOQUET-BROCARD-D'ANTHENAY (Alexandre-Louis-Ernest), Ingénieur ordinaire des Ponts et Chaussées.
1849.	20 Juillet.	CAMUSAT DE VAUGOURDON (Louis-François-Paul), ancien sous-Préfet, Propriétaire.

N° 19.

1819.	2 Avril.	JOURDAN aîné (Annibal), Géomètre en chef du Cadastre.
1835.	24 Avril.	PILLARD-TARIN (Louis-Alphonse), Propriétaire, Agriculteur à Saint-Parres-les-Tertres.

1853. 15 Avril.   Dosseur-Breton (Anatole) ✳, Propriétaire, Agriculteur à Saint-Parres-les-
Tertres.

N° 20.

1819.   2 Avril.   Dubois de Morambert (Jacques-Alexan-
dre), Propriétaire, Agriculteur.

1834. 17 Janvier.   Flaugergues (Pierre-Paul), professeur
de Mathématiques au Collége de
Troyes.

1836. 16 Décemb.   Bouchier (Pierre-Nicolas) ✳, Géomètre
en chef du Cadastre.

1843. 19 Mai.   Desguerrois (Louis) ✳, Docteur en Médecine. (*Voir le n° 3.*)

1865. 17 Mars.   Vauthier (Arsène), Docteur en Médecine.

N° 21.

1819.   2 Avril.   Morin (Louis-Edme), Avocat.

1838. 16 Février.   Gayot (Amédée), Propriétaire, ancien
Représentant.

N° 22.

1819.   2 Avril.   Bédor (Henri) ✳, Docteur en Médecine.

1858. 18 Juin.   Bacquias (Eugène), Docteur en Médecine.

N° 23.

1819.   2 Avril.   Brayer, Inspecteur des Contributions
directes.

1821. 17 Août.   Chambette (Auguste-Marie), Ingénieur
ordinaire des Ponts et Chaussées.

1841. 24 Décemb.   Clément-Mullet (Jean-Jacques), Propriétaire. (*Voir le n° 31.*)

1854. 17 Février. UHRICH (Michel-François) O. ✳, Ingénieur en chef des Ponts et Chaussées.

1864. 18 Mars. GEY (Camille), Pharmacien.

N° 24.

1819. 4 Juin. CORTHIER-TRUELLE (Charles-Nicolas-Sophie), Propriétaire.

1834. 24 Février. RAMBOURGT (Amand) ✳, Secrétaire général de la Préfecture.

1858. 15 Janvier. PAILLOT (Victor), Propriétaire.

N° 25.

1819. 4 Juin. ARNAUD (Anne-François), artiste Peintre, Directeur-Professeur de l'Ecole de Dessin.

1846. 18 Décemb. SCHITZ (Jules), artiste Peintre, Directeur-Professeur de l'Ecole de Dessin.

N° 26.

1819. 12 Novemb. TEISSEIRE (Honoré), Manufacturier.

1825. 26 Août. PRÉVOST (Jérôme-Arsène), Avocat.

1835. 21 Août. GÉRARD-FLEURY (Augustin-Pierre-Michel) ✳, Secrétaire-général de la Préfecture.

1857. 19 Juin. SOCARD (Emile), Bibliothécaire-Adjoint.

N° 27.

1820. 7 Janvier. DELAPORTE (Jean-Louis). Pharmacien.

1851. 18 Avril. LE GRAND (Gustave), Agent-Voyer en chef.

1860. 20 Janvier. DOULIOT (Emile), Professeur de Sciences Physiques et Naturelles au Lycée de Troyes.

1864. 19 Février. BLERZY (Henry), Inspecteur des lignes télégraphiques.

N° 28.

1820. 7 Juillet. FAURE, Inspecteur des Forêts.

1821. 16 Mars. POURCET DE SAHUNE ※, Conservateur des Eaux et Forêts.

1822. 3 Mai. MASSON, Ingénieur ordinaire des Ponts et Chaussées.

1825. 26 Août. GUY (Jean-Henri) ※, Conservateur des Eaux et Forêts.

1835. 20 Novemb. DAUTREMANT (Jean-Baptiste), ancien Directeur de l'Ecole Normale.

1856. 20 Juin. BERTHELIN (Egmont), Avocat.

1860. 20 Juillet. LAPEROUSE (Gustave) ※, ※, ancien Sous-Préfet de Sens.

N° 29.

1820. 19 Juillet. FOUQUOIRE, Principal du Collége.

1821. 21 Décemb. FORTIER-HUEZ (Jacques-Pierre), Propriétaire, Agriculteur.

1835. 16 Janvier. BARTHELEMY, Professeur de Rhétorique.

1836. 18 Novemb. ANNER-ANDRÉ (Honoré), Imprimeur.

1867. 12 Avril. MEUGY (Alphonse) ※, Ingénieur en chef des Mines.

N° 30.

1820. 19 Juillet. MONTAGNE (Jacques-Louis-Joseph), Contrôleur des Contributions directes.

1834. 24 Janvier. MONGIS (Jean-Antoine) ※, Substitut du Procureur du Roi.

1835. 20 Février. BOURQUIN, Professeur de Philosophie.

1836. 21 Octobre. PAILLOT DE MONTABERT (Jacques-Nicolas) ※, artiste Peintre. (*Voir le n° 13.*)

1846. 20 Février. Mgr DEBELAY (Jean-Marie-Mathias) ✳,
 Evêque de Troyes.

1849. 19 Janvier. L'Abbé COFFINET (Jean-Baptiste) ✳,
 Chanoine titulaire, ancien Secrétaire
 de l'Evêché.

N° 31.

1828. 18 Janvier. LEYMERIE (Alexandre) ✳, Professeur de
 Mathématiques.

1833. 20 Décemb. MASSON (Victor) ✳, Maître des Requêtes,
 ancien Député.

1838. 16 Novemb. CLÉMENT-MULLET (Jean-Jacques), Propriétaire. (*Voir le n° 23.*)

1842. 21 Janvier. GALLICE-DALBANNE (Maxime-Jean-Bap-
 tiste), ancien Négociant.

1855. 20 Juillet. HUOT (Gustave) ✳, Propriétaire, Agriculteur.

N° 32.

1828. 18 Janvier. ASTRUC (Ange-Louis) ✳, Sous-Intendant Militaire.

1840. 21 Février. ARGENCE (Désiré) O. ✳, Avocat.

N° 33.

1828. 15 Février. BRUGNOT (Charles), Professeur de seconde au Collége.

1828. 18 Juillet. STOURM (Augustin-Africain) ✳, Substitut du Procureur du Roi.

1829. 21 Août. SALLOT DE MONTACHET (Denis-Marie-
 Nicolas), Substitut du Procureur du
 Roi.

1836. 18 Mars. CHÉRON (Isidore), ancien Maître de Pen-
 sion.

1855. 28 Décemb. Le Baron Doyen (Charles-Pierre) ✻, Receveur-général. (*Voir le n° 34.*)

1859. 16 Décemb. D'Arbois de Jubainville (Henri) ✻, Archiviste du département de l'Aube.

N° 34.

1828. 8 Août. Fontaine-Gris (Jean-Pierre) ✻, Manufacturier.

1844. 19 Janvier. Lebasteur ✻, Ingénieur en chef des Ponts et Chaussées.

1853. 18 Février. Le Baron Doyen (Charles-Pierre) ✻, Receveur-général. (*Voir le n° 33.*)

1856. 14 Mars. Gréau (Julien), Manufacturier.

N° 35.

1828. 25 Août. Forneron (Bernard) ✻, Professeur de Rhétorique au Collège. (*Voir le n° 11.*)

1830. 17 Décemb. L'Abbé Bégat (Jean-Baptiste), ancien Recteur d'Académie.

1836. 19 Février. Deséjoubné (Alexandre), Manufacturier.

1843. 21 Avril. Simon (Gaëtan), Principal du Collège.

1850. 15 Novemb. L'Abbé Tridon (Edme-Nicolas), Prêtre auxiliaire.

1869. 19 Février. Vignes (Edouard), Directeur de la Succursale du Crédit agricole.

N° 36.

1829. 18 Décemb. Valton (Henri), artiste Peintre.

1834. 20 Décemb. Bert (Victor), Architecte du département.

1836. 15 Avril. François, Ingénieur-Mécanicien.

1844. 19 Avril.   Bardin (Emile), Pharmacien. (*Voir le n° 1.*)

1849. 16 Février. Guignard (Philippe), Archiviste du département.

1852. 16 Juillet. Eyriès (Gustave), Artiste Peintre.

1854. 24 Avril.   Le Brun (Eugène), Propriétaire, ancien Notaire.

LISTE

DES

MEMBRES HONORAIRES

de la

SOCIÉTÉ ACADÉMIQUE DE L'AUBE

Au 1ᵉʳ Juillet 1869

———•◆◆◆◆•———

MM.

1824. 25 Juin. HÉMELOT ✽, Président honoraire du Tribunal, à Saint-Mihiel (Meuse).

1833. 8 Novemb. LEYMERIE (Alexandre) ✽, Professeur de Géologie, à Toulouse.

1834. 24 Novemb. VALTON (Henri), Artiste Peintre, à Paris, rue Clauzel, 23.

1834. 20 Décemb. MONGIS O. ✽, Conseiller à la Cour Impériale de Paris, rue de Magenta, 17, à Paris.

1836. 19 Février. SALLOT DE MONTACHET, ancien Magistrat, à Troyes.

1836. 19 Août. BOURQUIN, ancien Principal de Collége, à Aï (Marne).

1836. 24 Octobre. BARTHELEMY, Professeur de Rhétorique, à Bar-le-Duc.

1840. 16 Octobre. FORNERON (Bernard) O. ✽, ancien Proviseur du Lycée Bonaparte, à Versailles.

1848. 21 Avril.   SALMON, ancien Directeur de la Ferme-Ecole de Belley (Aube), à.....

1848. 20 Octobre. CHAALES DES ÉTANGS (Stanislas), Juge de Paix, à Bar-sur-Aube.

1849. 16 Février. BERTRAND (Ernest) ❋, Conseiller à la Cour impériale, à Paris, rue Saint-André-des-Arts, 52.

1849. 21 Décemb. DELAPORTE (Jean-Louis), ancien Représentant, à Montier-en-Der.

1851. 21 Février. FLICHE ❋, ancien Conservateur des Forêts, à Troyes.

1852. 19 Mai.   GUIGNARD (Philippe), Bibliothécaire de la ville, à Dijon.

1852. 18 Juin.   LEBASTEUR O. ❋, Inspecteur-général des Ponts et Chaussées de l'Algérie, rue de Clichy, 58, à Paris.

1854. 20 Janvier. CLÉMENT-MULLET, Orientaliste, à Paris, boulevard de Strasbourg, 79.

1854. 17 Février. EYRIÈS (Gustave), artiste Peintre, à Meaux.

1855. 21 Décemb. CHÉRON, ancien Chef d'Institution, à Troyes.

1856. 18 Avril.   DAUTREMANT, ancien Directeur de l'Ecole normale de l'Aube, à Nozay (Aube).

1858. 15 Janvier. BÉLURGEY DE GRANDVILLE C. ❋, ✳, ancien Préfet de l'Aube, Préfet de la Meuse, à Bar-le-Duc.

1859. 19 Août.   LE GRAND (Gustave) ❋, Agent-Voyer en chef, à Châteauroux (Indre).

1862. 21 Novemb. RICHAUD (Louis), Proviseur du Lycée Impérial, à Cahors.

1863. 17 Avril.   Mgr RAVINET (Emmanuel-Jules) O. ❋, Evêque de Troyes.

1863. 15 Mai.   DROUËT (Henri) ❋, Conseiller de préfecture, à Dijon.

1863. 18 Décemb. Douliot (Emile), Principal du Collége, à Bergerac.

1866. 17 Août. Truelle (Auguste), Trésorier-Payeur-Général, à Foix (Ariège).

1867. 22 Février. Anner-André, ancien Imprimeur, à Troyes.

LISTE

DES

MEMBRES ASSOCIÉS

de la

SOCIÉTÉ ACADÉMIQUE DE L'AUBE

Au 1ᵉʳ Juillet 1869

————◆————

MM.

1819.	2 Juillet.	Lerouge-Courtin, Propriétaire, à Troyes.
1821.	24 Décemb.	Le Baron De Vendeuvre O. ✳, ancien Député, ancien Pair de France, à Vendeuvre-sur-Barse.
1821.	24 Décemb.	Huguenot, ancien Juge de Paix, à Estissac.
1821.	24 Décemb.	Angenoust de Romaine ✳, Propriétaire, à Troyes.
1821.	24 Décemb.	De Noel de Buchères ✳, Propriétaire, à Troyes.
1829.	15 Mai.	Le Baron Walckenaer, ancien Sous-Préfet, au Paraclet, près de Quincey.
1832.	24 Décemb.	Dupin, Docteur én médecine, à Ervy.
1837.	24 Juillet.	Gérost, Propriétaire, à Villenauxe.
1837.	24 Juillet.	Cartereau, Docteur en Médecine, à Bar-sur-Seine.

1839. 19 Avril. BURET (Adolphe), Propriétaire, à Saint-Léger-sous-Brienne.

1839. 17 Mai. AUBERTIN, Docteur en Médecine, à Bayel.

1840. 18 Novemb. GRUYER-JACOB, Propriétaire, à Villenauxe.

1843. 17 Novemb. RECOING (Ambroise), Propriétaire, à la Rocatelle, près de Rumilly-les-Vaudes.

1843. 15 Décemb. DEGROND-DUTAILLY, Propriétaire, à Bar-sur-Aube.

1843. 15 Décemb. DE LASSUS père ❋, Propriétaire, à Arrentières.

1844. 19 Juillet. L'Abbé THIESSON, Curé, à Viâpres-le-Petit.

1845. 15 Août. GOMBAULT, Propriétaire, à Arcis-sur-Aube.

1845. 15 Août. GRENET, Propriétaire, à Ramerupt.

1849. 16 Mars. THIERRY (Louis), Fabricant d'engrais, à Troyes.

1852. 16 Juillet. CHERTIER, Docteur en Médecine, à Nogent-sur-Seine.

1852. 16 Juillet. PRIÉ (Emile), Docteur en Médecine, aux Riceys.

1853. 18 Mars. FLÉCHEY, ancien Architecte de la ville, à Troyes.

1854. 18 Août. RAY (Eugène), Propriétaire, aux Riceys.

1854. 15 Décemb. DE VENDEUVRE (Gabriel), ancien Représentant, à Vendeuvre-sur-Barse *(à Paris, rue Neuve-des-Mathurins, 24.)*

1855. 15 Juin. GAYOT (Gustave), ancien Avoué, à Bar-sur-Seine.

1856. 18 Janvier. L'Abbé SAUSSERET (Paul), Chanoine honoraire, Curé, à Méry-sur-Seine.

1856. 20 Juin. L'Abbé GEORGES (Etienne), Curé, aux Loges-Margueron.

1856. 21 Novemb. BLAVOYER (Arsène), ancien Représentant, au château de Foolz, près de Bourguignons.

1856. 21 Novemb. EYRIÈS (Charles) ✻, Lieutenant d'infanterie de marine, à.....

1857. 27 Novemb. BONAMY DE VILLEMEREUIL (Arthur), O. ✻, Lieutenant de vaisseau, à Villemereuil.

1858. 19 Février. DE FEU DE LAMOTHE (Ernest), Propriétaire, au château de Montceaux.

1859. 18 Mars. DUBOIS DU TILLEUL (Henri), Propriétaire, à Cunfin.

1859. 21 Octobre. HARIOT (Louis), Pharmacien, à Méry-sur-Seine.

1860. 20 Janvier. ADNOT (Prosper), ancien Notaire, à Bar-sur-Seine.

1860. 16 Mars. L'Abbé RÉMION (Jean-François), Curé, à Ramerupt.

1861. 15 Mars. THÉVENOT (Arsène), Vérificateur des poids et mesures, à Troyes.

1861. 19 Avril. ORRY fils (Armand), Propriétaire, à Troyes.

1862. 16 Mars. SARDIN (Antoine-Pierre), Officier de l'Instruction publique, à Piney.

1862. 18 Juillet. BACQUIAS (Hippolyte), Notaire, à Essoyes.

1862. 18 Juillet. HERBO-PRÉVOST (François), Agriculteur, à Eclance.

1862. 21 Novemb. VAUCHELET ✻, Propriétaire, à Chavanges.

1863. 20 Février. BENOIT (Jules), Agriculteur, à Châtres.

1863. 17 Juillet. BOCQUILLON (Charles) ✻, Propriétaire, à Vendeuvre-sur-Barse.

1864. 15 Janvier. GUERRAPAIN (Narcisse), Médecin-vétérinaire, à Bar-sur-Aube.

1864. 18 Mars. BOISSEAU DE MELLANVILLE (Louis), Propriétaire, à Marcilly-le-Hayer.

5

1864. 20 Mai.   JOURDHEUILLE (Camille), Juge, à Troyes.

1864. 19 Août.   DEHEURLE (Victor), Propriétaire, à Ros-
                    son, commune de Dosches.

1865. 17 Mars.   PAILLOT (Adolphe), Propriétaire, à Ervy.

1866. 15 Juin.   CASIMIR PERIER G. O. ✻, Propriétaire,
                    au château de Pont-sur-Seine.

1866. 17 Août.   BERTHERAND (Arthur), Propriétaire, au
                    château de Chacenay.

1867. 12 Avril.   DUTAILLY (Jules), Propriétaire, aux Ri-
                    ceys.

1867. 18 Octobre. Le Comte DE MESGRIGNY (Franck), Pro-
                    priétaire, au château de Villebertin-
                    Moussey.

1867. 15 Novemb.   L'Abbé GARNIER (Alphonse), Vicaire,
                    à Bar-sur-Seine.

1869. 19 Mars.   GALLICE D'AMBLY (Victor), Propriétaire,
                    à Barberey.

Actuellement, la Société Académique n'a pas de Membres
associés dans les cantons de Mussy-sur-Seine et d'Aix-en-
Othe.

LISTE

DES

MEMBRES CORRESPONDANTS

de la

SOCIÉTÉ ACADÉMIQUE DE L'AUBE

Au 1ᵉʳ Juillet 1869

—⊶⬦⬦⬦⬧⬦—

MM.

1819.   6 Août.   DEMEUFVE ✻, ancien Député, rue Gref-
    fulhe, n° 4, à Paris.

1828.   18 Janvier.   MICHAUX (Clovis) ✻, Juge honoraire, à
    Paris, rue d'Enfer, 16.

1829.   23 Janvier.   THIRION O. ✻, Ingénieur en chef des
    Ponts et Chaussées, Directeur du ré-
    seau central de la compagnie d'Or-
    léans, à Paris, rue d'Amsterdam, 72.

1829.   15 Mai.   BARDIN ✻, ancien Professeur à l'Ecole
    Polytechnique, à Paris, rue Singer,
    3 bis.

1830.   19 Mars.   HERÉ, Homme de Lettres, à Saint-
    Quentin.

1832.   20 Janvier.   GARINET ✻, Conseiller de Préfecture
    honoraire, à Châlons-sur-Marne.

1832. 20 Janvier. SALLE (Léandre) ✳, Docteur en Médecine, à Châlons-sur-Marne.

1832. 17 Février. VERROLLOT (Louis), Propriétaire, à Chaumençon, commune de Migennes (Yonne).

1833. 17 Mai. BATAILLARD (Charles), Avocat à la Cour Impériale, à Paris, rue Neuve-des-Petits-Champs, 65.

1834. 21 Février. VALLIER (Jules), Propriétaire, Vice-Secrétaire de la Chambre d'agriculture, à Alger.

1834. 18 Avril. PRIN ✳, Docteur en Médecine, à Châlons-sur-Marne.

1834. 18 Avril. AUZOUX O. ✳, Docteur en Médecine, Fabricant de pièces anatomiques, à Paris, rue Antoine-Dubois, 2.

1835. 20 mars. LHOMME, ancien Principal du Collége, à Sarreguemines.

1835. 17 Juillet. GIRARDIN (Jean) O. ✳, Professeur de Chimie et Doyen de la Faculté des Sciences de Lille, correspondant de l'Institut, à Lille.

1835. 17 Juillet. BOILEAU, Botaniste, à Bagnères-de-Luchon.

1835. 17 Juillet. PHILIPPE, Naturaliste, à Bagnères-de-Bigorre.

1835. 17 Juillet. ROLAND, ancien Inspecteur des Domaines, à.....

1835. 23 Octobre. VIRLET-D'AOUST ✳, Membre de la Société géologique de France, Ingénieur des Mines, à Paris, rue de Clichy, 66.

1835. 23 Octobre. BOUÉ (Ami), Membre de la Société géologique de France, à Vienne (Autriche).

1835. 23 Octobre. D'ORBIGNY (Charles) ✳, Aide-Naturaliste au Jardin-des-Plantes, à Vincennes, rue du Terrier, 6.

1835. 8 Décemb. Mlle FLAUGERGUES (Pauline), Auteur, à
Paris, rue de...

1837. 20 Janvier. MINART ✻, Conseiller à la Cour Impériale, à Douai.

1837. 21 Avril. PARIS (Louis) ✻, ancien Bibliothécaire
de Reims, Homme de Lettres, à Pa-
ris, rue des Grands-Augustins, 5.

1837. 21 Juillet. BRESSIER, ancien Directeur des Domaines, à Dijon.

1838. 20 Avril. DUBUC, ancien Pharmacien, à Rouen.

1838. 21 Décemb. DELAUNAY (Charles), O. ✻, Membre de
l'Académie des Sciences, Ingénieur
des Mines, à Paris, rue Notre-Dame-
des-Champs, 76.

1839. 19 Avril. DELAPORTE (Laurent), ancien Notaire, à
Doulevant-le-Château.

1839. 19 Avril. MOREAU DE JONNÈS (Alexandre), O. ✻,
Membre de l'Institut, à Paris, rue
Oudinot, 16.

1839. 19 Avril. TROIS-DOUÉ, Agent-Voyer d'arrondisse-
ment, à Châlons-sur-Marne.

1839. 21 Juin. DUPREUIL (Alfred), Propriétaire, à Sour-
Kel-Mitou, près de Mostaganem (Al-
gérie).

1839. 16 Octobre. AVENEL, Médecin, à Rouen, rue de
Crosne, 13.

1841. 16 Avril. PIROUX ✻, Directeur de l'Institut des
Sourds-Muets, à Nancy.

1841. 19 Novemb. FÉLIZET, Médecin-Vétérinaire, à Elbeuf-
sur-Seine.

1842. 29 Août. PAULIN-PARIS ✻, Conservateur-Adjoint
des Manuscrits à la Bibliothèque Impériale, Membre de l'Institut, à Paris, place Royale, 10.

1843. 15 Décemb. AUDIFFRED, Avocat, ancien Juge au Tribunal de Commerce, à Paris, rue de
la Victoire, 12.

1843. 15 Décemb. GAUDRY père ✳, ancien Bâtonnier de l'ordre des Avocats de Paris, à Paris, rue Neuve-de-l'Université, 16.

1843. 15 Décemb. MILLARD (Auguste), ancien Représentant, à Paris, rue Bonaparte, 84.

1844. 31 Mai. PERREY (Alexis) ✳, ancien Professeur à la Faculté des Sciences de Dijon, à Lorient (Morbihan).

1844. 31 Mai. PASSY (Antoine), C. ✳, ancien Sous-secrétaire d'Etat, Membre de l'Institut, à Paris, rue Pigalle, 6.

1844. 15 Novemb. DANTON (Arsène), O. ✳, Inspecteur général de l'Instruction publique, à Paris, rue de l'Odéon, 4.

1845. 8 Août. THIÉRION-D'AVANÇON (Alexandre), ancien Notaire, à Paris, rue Neuve-Bréda, 21.

1846. 22 Décemb. COUTANT (Lucien), Négociant, à Paris, rue des Deux-Boules, 3.

1848. 21 Avril. Le Comte LÉONCE DE LAMBERTYE, Propriétaire, Membre de la Société d'Agriculture de la Marne, à Chaltrait.

1849. 20 Avril. AUBINEAU ✳, Homme de Lettres, à Paris, rue Cherche-Midi, 23.

1849. 21 Décemb. DUMESNIL-GRÉAU (Edouard), Propriétaire, à Nemours.

1851. 21 Février. FICHOT (Charles), artiste Dessinateur, à Paris, rue de Sèvres, 39.

1851. 14 Mars. LE BEUF (Eugène), Sous-Directeur de la Ferme-Ecole des Vosges, à Neufchâteau.

1851. 19 Décemb. COTTEAU (Gustave), ✳, Juge, à Auxerre.

1852. 16 Avril. GERBE ✳, Naturaliste au Collége de France, à Paris, rue des Ecoles.

1852. 18 Juin. DESCHIENS (Augustin), Géologue, à Vincennes, rue de Montreuil, 12.

1852. 19 Novemb. CARPENTIER (Paul), Peintre d'histoire, à Paris, boulevard du Temple. 30.

1852. 19 Novemb. DE MONTAIGU (Charles), Président du Comité historique de France, à Paris, rue Mazarine, 60.

1853. 18 Mars. Le Comte de CAUMONT O. ❋, Président de la Société française pour la conservation des Monuments historiques, à Caen.

1853. 16 Décemb. ARMIEUX ❋, Médecin-Major à l'hôpital militaire de Toulouse, à Toulouse.

1854. 16 Juin. ANGENOUST (Elzéar), Propriétaire, à Plessis-Chamant, près de Senlis (Oise).

1854. 15 Décemb. SALMON (Philippe), Archéologue, à Paris, rue de Lyon, 1.

1855. 19 Janvier. DESCHIENS (Eugène), Propriétaire, à Vitry-le-François.

1855. 19 Janvier. DE BARTHÉLEMY (Edouard), Secrétaire du sceau des titres au Conseil d'Etat, à Paris, rue Casimir-Perier, 3.

1855. 16 Mars. DE LAQUERIÈRE DE MAUROY, Propriétaire, à Rouen, rue de l'Epée, 54.

1855. 24 Décemb. TRUELLE SAINT-ÉVRON (Charles), Directeur de *la Cérès* et de *la Garantie agricole*, à Paris, rue Saint-Honoré, 229.

1855. 24 Décemb. L'Abbé COCHET ❋, Inspecteur des Monuments historiques de la Seine-Inférieure, à Dieppe.

1856. 20 Juin. DE BREUZE (Léon), ancien Juge de Paix, à Boissy-Saint-Léger (Seine-et-Oise).

1856. 19 Décemb. COEFFET-OLIVIER, Négociant, à Villeneuve-l'Archevêque.

1857. 19 Juin. GUILLIER (Antoine-Prosper), Propriétaire, au Hâvre, rue de la Corderie, 8.

1857. 16 Octobre. JEANDET (Abel), Médecin, à Verdun-sur-
le-Doubs.

1858. 21 Mai. DE COSSIGNY (Jules), Propriétaire, au
château de Lacour, par Mehun-sur-
Yèvre (Cher).

1858. 18 Juin. FANJOUX O. ❀, Directeur des Forges et
des Chantiers de la Seyne, à Mar-
seille.

1859. 20 Mai. RONDOT (Natalis) O. ❀, ancien Délégué
commercial en Chine, à Paris, rue de
Meslay. 24.

1859. 16 Décemb. QUIQUEREZ (Auguste), Ingénieur des
Mines, à Bellerive, près de Delémont
(Suisse).

1859. 16 Décemb. HENRY (César-Louis), Docteur en Médecine, à Nogent-le-Roi (Eure-et-
Loire).

1860. 20 Janvier. Le Comte DE SINETY, Propriétaire au
château de Misy, près de Montereau.

1860. 20 Janvier. PEIGNÉ-DELACOURT ❀, Propriétaire, à
Rebecourt (Oise).

1860. 18 Mai. LENNIER (Gustave), Naturaliste, au Hâvre.

1860. 15 Juin. CARNANDET (Jean), Homme de Lettres, à
Châtillon-sur-Seine.

1860. 20 Juillet. LADREY (Charles), Professeur de Chimie
à la Faculté des Sciences, à Dijon.

1860. 19 Octobre. Le Comte DE LAVAULX (Amédée), Propriétaire, à Chamant (Oise).

1860. 21 Décemb. D'AMBLY (Frédéric) ❀, Ingénieur de marine, à Marseille.

1861. 18 Janvier. GUENEAU D'AUMONT (Philibert) O. ❀,
ancien Sous-Intendant militaire, à
Dijon, rue Devosges, 43.

1861. 18 Janvier. PÉROCHE (Jules), Inspecteur des Contributions indirectes, à Rouen.

1862. 11 Avril. MARÉCHAUX (Jean-Baptiste), Négociant,
rue des Deux-Boules, 3, à Paris.

1862. 24 Novemb. FORGEAIS (Arthur), Archéologue, à Paris, quai des Orfèvres, 54.

1863. 16 Janvier. MENETRIER, Agent-Voyer en chef, à Perpignan.

1863. 20 Novemb. PERRIER (Emile), négociant, à Châlonssur-Marne, rue du Collége.

1864. 15 Janvier. L'Abbé DOUSSOT (André-François) ✻, Aumônier de la princesse Clotilde, à Paris, rue de Vaugirard, 49.

1864. 15 Janvier. LANGLOIS (Arthus), Directeur de l'*Abeille*, à Paris, rue des Petites-Ecuries, 52.

1864. 15 Janvier. GERDY (Vulfranc) ✻, Docteur en Médecine, Professeur agrégé à la Faculté de Médecine de Paris, à Paris, rue Jacob, 12.

1864. 15 Avril. GAUD (Jean-Baptiste) ✻, Capitaine au 52e de ligne, à Orange.

1864. 15 Avril. PRUD'HOMME DE SAINT-MAUR (Alphonse) ✻, Chef de Bataillon d'Infanterie de Marine, à Brest.

1864. 20 Mai. RAMPANT (Auguste-Alexandre), Architecte, à Port-Louis (île Maurice).

1864. 20 Mai. VALLIER (Gustave), Propriétaire, à Grenoble, place Saint-André.

1864. 15 Juillet. BERTHELIN (Georges), Employé de la Banque de France, à Nantes.

1864. 15 Juillet. OLIVIER (Arsène), Propriétaire, à Paris, place de l'Eglise-Bercy, 78.

1865. 20 Janvier. GÉLÉE (Ernest), Professeur d'Histoire, à Paris, rue Nollet, impasse Saint-Louis, 6.

1865. 20 Janvier. OGIER DE BAULNY (Fernand), Propriétaire, à Coulommiers.

1865. 19 Mai. GONTARD (Nicolas), Propriétaire, aux Lilas-Romainville, rue des Bruyères, 11 (Seine).

1865. 17 Novemb. Van Hoorebeke (Gustave), Avocat, quai des Moines, à Gand (Belgique).

1865. 15 Décemb. Chotard (Henri), Professeur à la Faculté des Lettres, à Besançon.

1866. 9 Mars. Parigot (Adolphe), Négociant, à Epernay.

1866. 20 Juillet. M. le Marquis de Vibraye, Membre de l'Institut, au château de Cheverny (Loir-et-Cher).

1866. 17 Août. Maillard (Paul), Avocat à la Cour Impériale, à Paris, rue Bonaparte, 17.

1866. 16 Novemb. Bonvalot (Edouard-Théodore), Conseiller à la Cour Impériale, à Colmar, rue des Blés, 5.

1866. 16 Novemb. Laloy (Jules), Capitaine au long cours, à la Pointe-de-Galles (Ceylan).

1866. 24 Décemb. Soulary (Josephin), chef de Division à la Préfecture du Rhône, à Lyon, Grande-Rue des Gloriettes, 31.

1867. 22 Février. Constant (Alexandre), Banquier, à Autun (Saône-et-Loire).

1867. 15 Mars. Simon (Eugène), Membre de la Société d'Entomologie, rue Cassette, 24, à Paris.

1867. 18 Octobre. Lenoir (François), Archiviste des chemins de fer de Paris-Lyon-Méditerranée, impasse Saint-Louis, 6, rue Nollet, à Paris.

1867. 15 Novemb. Mannequin (Théodore), Economiste, à Paris, rue Madame, 32.

1868. 24 Février. Morel (Léon), percepteur, à Somsois (Marne).

1868. 20 Mars. Castan (Auguste), Bibliothécaire, à Besançon.

1868. 15 Mai.   Roschach (Ernest), Archiviste de la ville
                      de Toulouse, à Toulouse.

1868. 20 Novemb.   Chaales des Etangs (Louis), Inspecteur
                      des Forêts, à Bonneville (Haute-Sa-
                      voie).

1869. 19 Février.   De Barthelemy (Anatole), ancien Sous-
                      Préfet, rue d'Anjou-Saint-Honoré, 9,
                      à Paris.

1869. 19 Février.   Gouezel (Jean-François), Conducteur
                      des Ponts et Chaussées, à Belle-Ile-
                      en-Mer (Morbihan).

1869. 24 Mai.   Lescuyer (Jean-François), Propriétaire,
                      à Saint-Dizier,

1869. 18 Juin.   Marcilly (Charles), Membre de la So-
                      ciété de Numismatique, à Paris, rue
                      d'Assas, 78.

On est prié d'indiquer les rectifications, radiations et changements de domicile à M. l'Archiviste de la Société.

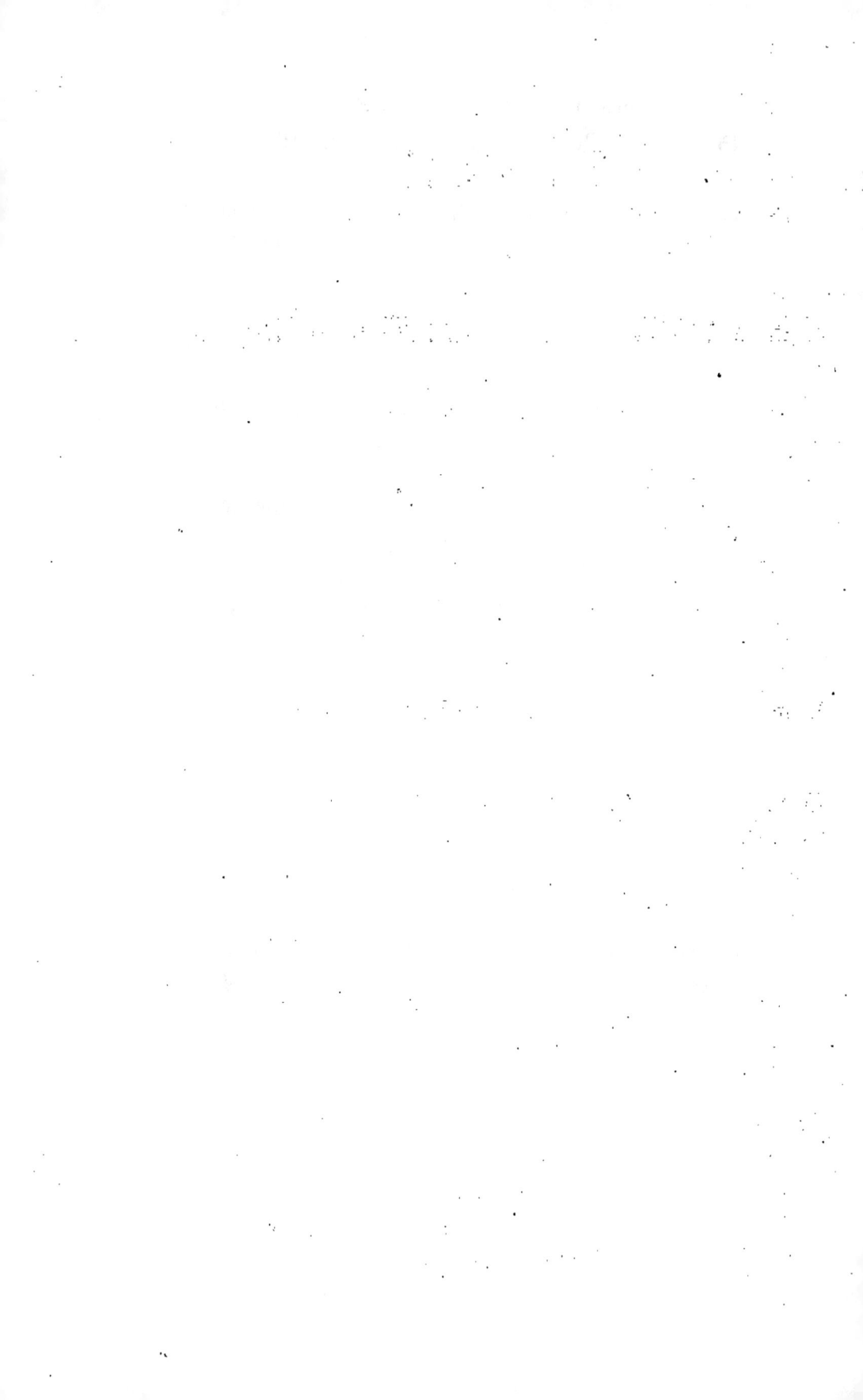

LISTE

DES

SOCIÉTÉS SAVANTES ET DES ÉTABLISSEMENTS SCIENTIFIQUES

AVEC LESQUELS CORRESPOND

LA SOCIÉTÉ ACADÉMIQUE DE L'AUBE

Ain.

BOURG. Société d'Émulation de l'Ain.

Aisne.

LAON. Société Académique de Laon.
SAINT-QUENTIN. Société Académique.
SOISSONS. Société Archéologique, Historique et Scientifique.

Alpes-Maritimes.

NICE. Société des Lettres, Sciences et Arts des Alpes-Maritimes.

Aube.

TROYES. Société d'Horticulture de l'Aube.
— Archives de l'Hôtel-de-Ville de Troyes.
— Archives de la Préfecture de l'Aube.
— Bibliothèque de la ville de Troyes.
— Musée de Troyes.

TROYES.	Société médicale de l'Aube.
—	École Normale de l'Aube.
—	Société d'Apiculture de l'Aube.
—	Société Horticole, Vigneronne et Forestière.

Bas-Rhin.

STRASBOURG.	Société des Sciences, Agriculture et Arts.

Calvados.

CAEN.	Société Française pour la conservation des Monuments historiques.
—	Société Linnéenne de Normandie.

Charente.

ANGOULÊME.	Société d'Agriculture, Arts et Commerce de la Charente.

Charente-Inférieure.

LA ROCHELLE.	Société d'Agriculture.
ROCHEFORT.	Société d'Agriculture, Belles-Lettres, Sciences et Arts.

Cher.

BOURGES.	Société d'Agriculture du Cher.

Côte-d'Or.

DIJON.	Académie des Sciences, Arts et Belles-Lettres.
—	Société d'Agriculture et d'Industrie agricole du département de la Côte-d'Or.

Doubs.

BESANÇON.	Société d'Emulation du Doubs.
MONTBÉLIARD.	Société d'Emulation de Montbéliard.

Eure.

ÉVREUX.   Société d'Agriculture, Sciences, Arts et Belles-Lettres.

Gard.

NÎMES.   Académie du Gard.

Gironde.

BORDEAUX.   Académie des Sciences, Belles-Lettres et Arts.

—   Société Linnéenne.

Haute-Garonne.

TOULOUSE.   Académie des Jeux Floraux.

—   Académie des Sciences, Inscriptions et Belles-Lettres.

—   Société d'Agriculture de la Haute-Garonne et de l'Ariège.

—   Société d'Histoire Naturelle.

Haute-Loire.

LE PUY.   Société d'Agriculture, Sciences, Arts et Commerce.

Haute-Saône.

VESOUL.   Société d'Agriculture, Sciences et Arts.

Haut-Rhin.

COLMAR.   Société d'Histoire naturelle de Colmar.

Hérault.

MONTPELLIER.   Académie des Sciences et Lettres de Montpellier.

Indre-et-Loire.

TOURS.   Société d'Agriculture, Sciences, Arts et Belles-Lettres.

Isère.

GRENOBLE.   Académie Delphinale.

Jura.

LONS-LE-SAULNIER.   Société d'Emulation du Jura.

Loire.

SAINT-ETIENNE.   Société d'Agriculture, Industrie, Sciences, Arts et Belles-Lettres.

Loire-Inférieure.

NANTES.   Société Académique de la Loire-Inférieure.

Loiret.

ORLÉANS.   Société d'Agriculture, Sciences, Belles-Lettres et Arts.

Lozère.

MENDE.   Société d'Agriculture, Industrie, Sciences et Arts.

Maine-et-Loire.

ANGERS.   Société d'Agriculture, des Sciences et Arts.

—   Société Industrielle d'Angers et du département.

—   Société Linnéenne de Maine-et-Loire.

—   Société Académique.

Manche.

CHERBOURG.   Société Impériale des Sciences naturelles de Cherbourg.

Marne.

CHALONS-SUR-MARNE.   Société d'Agriculture, Commerce, Sciences et Arts.

REIMS.   Académie Impériale de Reims.

VITRY-LE-FRANÇOIS.   Société des Sciences et Arts.

Meurthe.

NANCY. Société centrale d'Agriculture de Nancy.

— Société des Sciences, Lettres et Arts de Nancy (*Académie de Stanislas*).

Meuse.

VERDUN. Société Philomatique.

Morbihan.

VANNES. Société Polymatique.

Moselle.

METZ. Académie de Metz.

— Société d'Histoire naturelle du département de la Moselle.

Nord.

CAMBRAI. Société d'Emulation.

DOUAI. Société centrale d'Agriculture, Sciences et Arts du département du Nord.

DUNKERQUE. Société dunkerquoise pour l'encouragement des Sciences, des Lettres et des Arts.

LILLE. Société des Sciences, de l'Agriculture et des Arts.

Oise.

BEAUVAIS. Société Académique du département de l'Oise.

Pas-de-Calais.

ARRAS. Académie d'Arras.

BOULOGNE-SUR-MER. Société d'Agriculture, des Sciences et des Arts.

Puy-de-Dôme.

CLERMONT-FERRAND. Académie des Sciences, Belles-Lettres et Arts.

Pyrénées-Orientales.

PERPIGNAN. Société Agricole, Scientifique et Littéraire.

Rhône.

LYON. Académie des Sciences, Belles-Lettres et Arts.

— Société d'Agriculture, d'Histoire naturelle et des Arts utiles.

— Société Linnéenne de Lyon.

Saône-et-Loir.

AUTUN. Société Éduenne.

CHALON-SUR-SAÔNE. Société d'Histoire et d'Archéologie.

MACON. Académie des Sciences, Arts, Belles-Lettres et d'Agriculture.

Sarthe.

LE MANS. Société d'Agriculture, Sciences et Arts.

Savoie.

CHAMBÉRY. Société d'Histoire naturelle de Savoie.

— Société Savoisienne d'Histoire et d'Archéologie.

Seine.

PARIS. Le Ministère de la Maison de l'Empereur et des Beaux-Arts.

— Le Ministère de l'Intérieur.

— Le Ministère du Commerce, de l'Agriculture et des Travaux Publics.

Paris. Le Ministère de l'Instruction Publique.

— Académie des Sciences, Palais de l'Institut, quai Conti, 23.

— Comité des travaux historiques et des Sociétés savantes, près le ministère de l'Instruction publique, rue de Grenelle-Saint-Germain, 110.

— Le Muséum d'Histoire naturelle, au Jardin-des-Plantes.

— Société Impériale et Centrale d'Agriculture, rue de l'Abbaye, 3.

— Société Impériale et Centrale d'Horticulture, rue de Grenelle-Saint-Germain, 84.

— Société de la Morale chrétienne, rue Saint-Guillaume, 12.

— Société de l'Histoire de France, à la Bibliothèque Impériale, rue Neuve-des-Petits-Champs, 8.

— Société protectrice des Animaux, rue de Lille, 19.

— Société des Antiquaires de France, au palais du Louvre.

— Société des Ingénieurs civils, rue Buffaut, 26.

— Société Géologique de France, rue de Fleurus, 39.

— Société d'Anthropologie de Paris, rue de l'Abbaye, 3.

— Société libre des Beaux-Arts, à l'Hôtel-de-Ville.

— Société Météorologique de France, rue du Vieux-Colombier, 24.

— Société pour l'Instruction élémentaire, quai Malaquais, 3.

PARIS.   Société Zoologique d'Acclimatation, rue de Lille, 19.

Seine-Inférieure.

LE HAVRE.   Société hâvraise d'Etudes diverses.

ROUEN.   Académie des Sciences, Belles-Lettres et Arts.

—   Société centrale d'Agriculture de la Seine-Inférieure.

—   Société libre d'Emulation du Commerce et de l'Industrie de la Seine-Inférieure.

—   Société des Amis des Sciences naturelles de Rouen.

Seine-et-Marne.

MEAUX.   Société d'Archéologie, Sciences, Lettres et Arts de Seine-et-Marne.

Seine-et-Oise.

VERSAILLES.   Société d'Agriculture et des Arts.

—   Société des Sciences Naturelles et Médicales de Seine-et-Oise.

—   Société des Sciences morales, des Lettres et des Arts.

Somme.

ABBEVILLE.   Société d'Emulation.

AMIENS.   Académie des Sciences, Commerce, Agriculture et Belles-Lettres.

—   Société des Antiquaires de Picardie.

—   Société Linnéenne du nord de la France.

Var.

TOULON.   Société des Sciences, Belles-Lettres et Arts du Var.

Vienne.

POITIERS.
Société Académique d'Agriculture, Belles-Lettres, Sciences et Arts.

Vosges.

EPINAL.
Société d'Emulation du département des Vosges.

Yonne.

AUXERRE.
Société des Sciences historiques et naturelles.

SENS.
Société Archéologique de Sens.

Algérie.

ALGER.
Société d'Agriculture d'Alger.

Angleterre.

MANCHESTER.
Société Littéraire et Philosophique.

Belgique.

LIÉGE.
Société Royale des Sciences.

Etats-Unis.

BOSTON.
Société d'Histoire naturelle de Boston.

WASHINGTON.
Institut Smilhsonien de Washington.

TABLE DES MATIÈRES.

TROYES. — DUFOUR-BOUQUOT, IMP' DE LA SOCIÉTÉ.

MÉMOIRES

de la

SOCIÉTÉ ACADÉMIQUE

D'AGRICULTURE, DES SCIENCES, ARTS ET BELLES-LETTRES

DU DÉPARTEMENT DE L'AUBE

1822-1868. — 32 volumes in-8°, avec planches et cartes

Il paraît un volume à la fin de chaque année. Avant 1853, deux années formaient un volume.

Ces Mémoires sont livrés au public par souscription. Le prix est fixé, par année, à CINQ FRANCS, pour les distributions qui se font à Troyes, et à SIX FRANCS, franc de port, pour les envois au dehors.

Depuis le 1ᵉʳ janvier 1851, le Règlement impose aux Membres correspondants l'obligation de s'abonner aux Mémoires, au prix de 5 fr. par an, franc de port.

Les Membres associés, nommés depuis le 1ᵉʳ janvier 1867, sont tenus de verser une cotisation annuelle de 10 francs, et reçoivent les Mémoires. Avant cette époque, les associés devaient être abonnés aux Mémoires au prix de 5 francs par an.

On souscrit, à Troyes, chez M. Emile SOCARD, *Trésorier de la Société, rue Saint-Loup,* 17, — *chez M.* Jules RAY, *Archiviste de la Société, place de la Banque de France,* — *et chez tous les Libraires de cette ville;* — *à Paris, chez M.* DUMOULIN, *Libraire, quai des Augustins,* 13.

La première série des Mémoires comprend les années 1822-1846. — La seconde série se compose des années 1847-1863, — et la troisième série, in-8° raisin, a commencé avec l'année 1864.

La Table générale des matières contenues dans la première série, et la Table générale de la deuxième série ont été imprimées séparément; elles se vendent 1 franc, chacune.

NOTICE SUR LES COLLECTIONS

DONT SE COMPOSE

LE MUSÉE DE TROYES,

Fondé et dirigé par la Société Académique du département de l'Aube, par MM. GRÉAU, SCHITZ, TRUELLE, COFFINET, CORNET, CLÉMENT-MULLET et Jules RAY.

Un volume in-12 de 270 pages.

DEUXIÈME ÉDITION.

Se trouve chez le Concierge du Musée, rue Saint-Loup.

PRIX : 1 fr. 50 c.

ANNUAIRE DE L'AUBE,

1826-1869. — 44 volumes.

Depuis l'année 1835, l'*Annuaire de l'Aube* est publié sous les auspices et sous la direction de la Société Académique de l'Aube, et renferme des mémoires historiques, des notices archéologiques et des documents statistiques. — A partir de l'année 1854, l'*Annuaire* est du format in-8°, et contient des lithographies.